中国地质大学（武汉）实验教学系列教材
中国地质大学（武汉）实验技术研究经费资助出版

测量学实习指导书
CELIANGXUE SHIXI ZHIDAOSHU

主　编　吴北平
副主编　潘　雄　梁新美
　　　　徐景田　岳迎春

中国地质大学出版社
ZHONGGUO DIZHI DAXUE CHUBANSHE

图书在版编目(CIP)数据

测量学实习指导书/吴北平主编,潘雄,梁新美,徐景田,岳迎春副主编.—武汉:中国地质大学出版社,2018.2(2022.7重印)
中国地质大学(武汉)实验教学系列教材

ISBN 978-7-5625-4233-9

Ⅰ.①测⋯
Ⅱ.①吴⋯ ②潘⋯ ③梁⋯ ④徐⋯ ⑤岳⋯
Ⅲ.①测量学-实验-高等学校-教学参考资料
Ⅳ.①P2-33

中国版本图书馆 CIP 数据核字(2018)第 034395 号

测量学实习指导书		吴北平 **主　编**
		潘　雄　梁新美　徐景田　岳迎春 **副主编**
责任编辑:王　敏		责任校对:周　旭
出版发行:中国地质大学出版社(武汉市洪山区鲁磨路388号)		邮政编码:430074
电　话:(027)67883511	传　真:(027)67883580	E-mail:cbb @ cug.edu.cn
经　销:全国新华书店		http://cugp.cug.edu.cn
开本:787 毫米×1092 毫米 1/16		字数:221 千字　印张:8.625
版次:2018 年 2 月第 1 版		印次:2022 年 7 月第 5 次印刷
印刷:武汉市籍缘印刷厂		印数:5501—7000 册
ISBN 978-7-5625-4233-9		定价:19.50 元

如有印装质量问题请与印刷厂联系调换

中国地质大学(武汉)实验教学系列教材

编委会名单

主　任：唐辉明

副主任：徐四平　殷坤龙

编委会成员：(按姓氏笔画排序)

　　　　公衍生　祁士华　毕克成　李鹏飞

　　　　李振华　刘仁义　吴　立　吴　柯

　　　　杨　喆　张　志　罗勋鹤　罗忠文

　　　　金　星　姚光庆　饶建华　章军锋

　　　　梁　志　董元兴　程永进　蓝　翔

选题策划：

　　　　毕克成　李国昌　张晓红　赵颖弘　王凤林

前　言

本实习指导书是普通高等教育"十一五"国家级规划教材《测量学》(程新文等,2008)的配套教材。测量学是中国地质大学(武汉)为地质工程、资源勘察工程、土木工程等 24 个专业开设的技术基础课。测量学是一门实践性很强的课程,在教学过程中,除课堂讲授外,还有实验课和教学实习。为了巩固和加深对测量学基础理论知识的理解和掌握、加强理论联系实际、培养学生的动手能力,笔者编写了《测量学实习指导书》。

本书分为 3 个部分:第一篇为测量学课程实验与实习的一般规定;第二篇为课间实习,按现行《测量学》分层教学大纲(40 学时、32 学时)要求编写,包括水准测量、角度测量、距离测量、全站仪坐标测量、GPS 测量、CASS 数字成图软件认识与使用等内容;第三篇为野外测量综合实习,包括全站仪测图、断面图测量、地形图野外读图等内容。

通过实习,要求学生了解和掌握测绘的基本知识、基本理论和基本测量方法,建立起大地坐标系、高斯平面直角坐标系、高程系统、国家大地测量控制网的基本概念,熟悉地形图的内容、国家基本系列地形图分幅与编号的方法,在工程建设的规划、设计和施工中能正确使用地形图、测绘资料和测绘技术。

本书第一篇由吴北平编写;第二篇实验一至实验九由梁新美编写,实验十至实验十二由徐景田编写,实验十三由潘雄编写;第三篇由岳迎春和吴北平编写。全书由吴北平统稿。此外,测绘工程系其他老师也为本书的编写做了许多有益的工作,在此表示衷心的感谢。

本书的部分内容和图表摘自相关文献和互联网,仪器、软件操作说明来自相应商家,在此向原作者表示衷心的感谢。

此书由中国地质大学(武汉)实验技术研究经费资助。

限于笔者的水平,书中内容难免有不妥之处,欢迎专家和读者批评指正。

笔　者

2017 年 12 月于武汉

目 录

第一篇 测量学课程实验与实习的一般规定

第二篇 课间实习

实验一　全站仪的认识 ………………………………………………………………… (7)
实验二　角度测量 ……………………………………………………………………… (16)
实验三　距离测量 ……………………………………………………………………… (19)
实验四　水准测量 ……………………………………………………………………… (22)
实验五　全站仪坐标测量 ……………………………………………………………… (25)
实验六　GPS 测量 ……………………………………………………………………… (28)
实验七　等高线勾绘 …………………………………………………………………… (37)
实验八　地形图上的量测作业 ………………………………………………………… (39)
实验九　导线计算 ……………………………………………………………………… (40)
实验十　土地权属调查 ………………………………………………………………… (43)
实验十一　房屋调查 …………………………………………………………………… (46)
实验十二　界址点测量 ………………………………………………………………… (49)
实验十三　CASS 数字成图软件认识与使用 ………………………………………… (52)

第三篇 野外测量综合实习

实习一　全站仪配小平板测图 ………………………………………………………… (73)
实习二　剖面图测量 …………………………………………………………………… (82)
实习三　野外读图 ……………………………………………………………………… (85)
附录　常用图例 ………………………………………………………………………… (93)
主要参考文献 …………………………………………………………………………… (103)
测量实验报告一 ………………………………………………………………………… (105)

测量实验报告二 ·· (107)
测量实验报告三 ·· (109)
测量实验报告四 ·· (111)
测量实验报告五 ·· (113)
测量实验报告六 ·· (115)
测量实验报告七 ·· (117)
测量实验报告八 ·· (119)
测量实验报告九 ·· (121)
测量实验报告十 ·· (123)
测量实验报告十一 ··· (125)
测量实验报告十二 ··· (127)
测量实验报告十三 ··· (129)

第一篇 测量学课程实验与实习的一般规定

测量学是一门实践性很强的技术基础课。测量综合实习是在完成测量学理论知识学习以后,集中一定的时间进行的教学实习。通过测量实习,将测绘理论知识系统地与实践相结合,进一步理解、巩固和拓宽测量理论知识。实习结束后,要求学生能熟练地掌握测量仪器的使用,会利用测量仪器进行角度测量、水准测量、距离测量、坐标测量,能现场勾绘等高线,比较系统地掌握测绘生产的基本知识和技能。通过实习,培养学生的动手能力、团结协作精神及认真负责和严谨细致的工作作风。

一、测量实习地点

1. 校内测量实习基地

为满足测量实习需要,中国地质大学(武汉)校园内已建立了校内测量实习基地。校内基地分课间风雨实习场和野外测量实习场,野外测量实习场位于校园北区拓展运动场内,在地面上布设了40个测量控制点,为测图提供图根点。

2. 校外测量实习基地

校外测量实习基地位于武汉市洪山区九峰实习基地。该测区地形地貌变化较大,地貌典型、丰富,适合于地形图读图实习,在地面上依据不同地貌和地物布设了70个标志,组成不同的读图路线,每条路线由8~9个点组成。

二、实习的组织完成

测量实习以组为单位,每组学生人数一般为3~4人,实际实习中也可根据总人数和仪器配置情况适当增减人数。每组推选组长1人。组长的职责是负责组内实习分工、仪器设备管理与考勤工作。考勤要实事求是地反映组员当天所完成的工作内容、工作质量及工作时间。实习完成后由组长对全体组员综合打分。组长应注意合理均匀地给组员分配任务,使每项工作都由组员轮流担任,要注意根据本组的实际情况,适时召开全体组员会议,及时总结经验教训,加强组员间的协调、配合,保质保量地完成实习任务。

三、实习纪律

(1)服从教师指导,努力完成教师及小组安排的各项工作。

(2)遵守作息制度,注意劳逸结合。作息时间一般应参照学校作息时间,各组可结合暑期高温情况对本组的工作时间做适当的调整。

(3)遵守仪器操作规程,正确使用、保管仪器及工具。仪器如有损坏,照价赔偿;损坏仪器严重者,全组成员实习成绩记为零分。

(4)爱护公物、树木、草坪。

(5)团结友爱。保证人身、仪器安全。

(6)非特殊原因,不得请假。

(7)请病假应有医院证明。

(8)无故缺席者,记为旷课。

(9)请假超过1天者,实习成绩不及格。

四、仪器领借、保管方法及注意事项

1. 仪器领借、保管方法

(1)实习前,以小组为单位按照仪器室规定的时间到仪器室借领仪器、工具,领到仪器后,首先检查仪器是否工作正常,再检查仪器及附件是否齐全;实习结束后,按规定时间将所借仪器、工具全部归还仪器室。
(2)仪器的借用和整个实习期间的统一保管事宜,由小组组长负责组织。
(3)每件仪器、工具均应由组长负责分配给专人妥善保管,不得遗失或损坏。
(4)实习期间,仪器、工具如有遗失、损坏,应于当天报告老师,检查登记。
(5)爱护仪器及工具。

2. 注意事项

(1)搬运仪器、工具时应小心轻放,防止仪器受震动和冲击;不横放或倒置;检查背带提环是否牢固;箱盖应扣好,加锁。
(2)由箱内取出仪器时,应拿其坚实部分,不可提望远镜。
(3)仪器装在三脚架上以后,应检查是否确已装牢,否则不能松手;安置仪器位置应适当,尽量安置在路边,不得影响交通。
(4)时刻注意仪器的安全。仪器安置以后,必须有人在仪器旁边守护,不可离人,以免发生意外。实习过程中,不得打闹,更不能使用标杆、水准尺等打闹或玩耍。
(5)在野外远距离搬移仪器时,应将仪器装在仪器箱内;近距离搬移时,应将仪器抱在胸前:一手托住基座部分,一手抱住三脚架,切勿扛在肩上。
(6)在野外遇雨时,应把仪器套套上,或放入箱内。勿使仪器淋雨受潮。
(7)仪器如受雨淋后,应立即擦干,并放在外面晾一会,不可立即装入箱内。
(8)皮尺应严防潮湿;皮尺卷入盒内时勿绞缠。
(9)水准尺的尺面刻度应加以保护,勿受磨损。放尺时不应让尺面着地,尺端底部勿粘泥土,并防磨损。
(10)标杆应保持直挺,切不可用来抬物,或作掷、撑器具。

五、实习报告及成绩评定

实习期间,每阶段后由教师填写实习成绩,实习结束后,要求学生编写实习报告,实习报告的内容、格式及图表按学校统一的格式编写。最后成绩评定采用实习操作部分占60%、报告编写部分占40%的比例,综合评分,记分形式采用100分制。

第二篇 课间实习

实验一 全站仪的认识

一、目的和要求

(1)了解中海达 ZTS-121 全站仪的结构与组成。
(2)了解中海达 ZTS-121 全站仪的功能。
(3)掌握中海达 ZTS-121 全站仪的基本操作。
(4)掌握中海达 ZTS-121 全站仪的对中、整平。

二、仪器和工具

中海达 ZTS-121 全站仪 1 台;对中杆 1 根;棱镜 1 个;记录板 1 块。

三、实验内容

了解中海达 ZTS-121 全站仪的结构、组成与功能,掌握其基本操作和对中、整平。

四、实验方法与步骤

1. 中海达 ZTS-121 全站仪部件名称

中海达 ZTS-121 全站仪部件名称如图 2-1 所示。

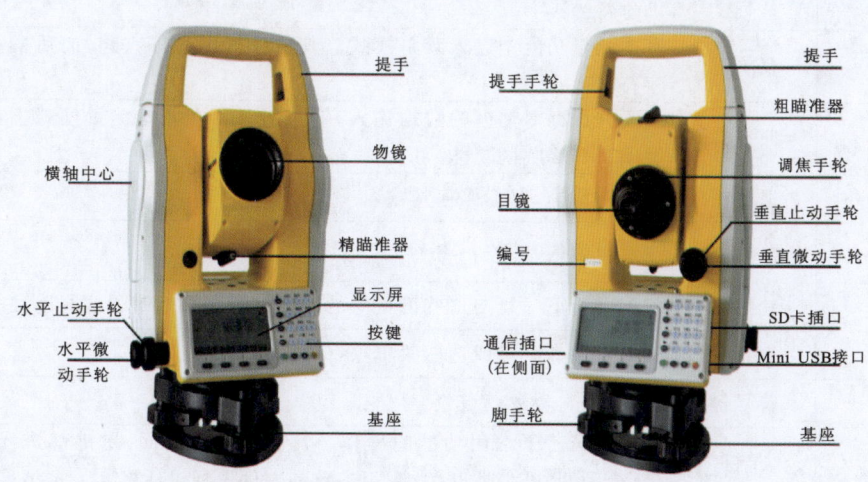

图 2-1 中海达 ZTS-121 全站仪部件名称示意图

2. 键盘功能与信息显示

中海达 ZTS-121 全站仪键盘功能与信息显示,如图 2-2 所示。

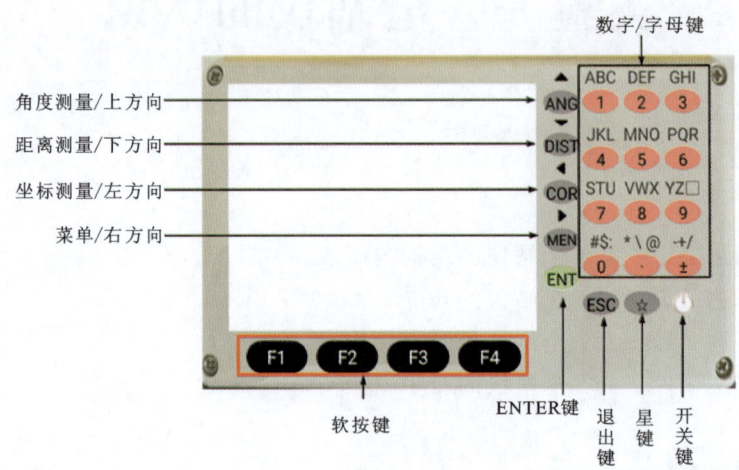

图 2-2 中海达 ZTS-121 全站仪键盘功能与信息示意图

键盘符号见表 2-1。

表 2-1 键盘符号

键盘符号:按键	名称	功能
ANG	角度测量键	基本测量功能中进入角度测量模式。在其他模式下,光标上移或向上选取选择项
DIST	距离测量键	基本测量功能中进入距离测量模式。在其他模式下,光标下移或向下选取选择项
CORD	坐标测量键	基本测量功能中进入坐标测量模式。其他模式中光标左移、向前翻页或辅助字符输入
MENU	菜单键	基本测量功能中进入菜单模式。其他模式中光标右移、向后翻页,或辅助字符输入
ENT	回车键	接受并保存对话框的数据输入,结束对话。在基本测量模式下具有打开、关闭直角蜂鸣的功能
ESC	退出键	结束对话框,但不保存其输入
⏻	电源/开关键	控制电源的开/关
F1~F4	软按键	显示屏最下一行与这些键正对的反转显示字符指明了这些按键的含义
0~9	数字键	输入数字和字母或选取菜单项
·~—	符号键	输入符号、小数点、正负号
★	星键	用于仪器若干常用功能的操作。凡有测距的界面,星键都进入显示对比度、夜照明、补偿器开关、测距参数和文件选择对话框

显示符号见表 2-2。

表 2-2　显示符号

显示符号	内容
V_z	天顶距模式
V_0	正镜时的望远镜水平时为 0 的垂直角显示模式
V_h	竖直角模式（水平时为 0，仰角为正，俯角为负）
V%	坡度模式
HR	水平角（右角）dHR 表示放样角差
HL	水平角（左角）
HD	水平距离，dHD 表示放样平距差
VD	高差，dVD 表示放样高差之差
SD	斜距，dSD 表示放样斜距之差
N	北向坐标，dN 表示放样 N 坐标差
E	东向坐标，dE 表示放样 E 坐标差
Z	高程坐标，dZ 表示放样 Z 坐标差
▫ ▫ ▫	EDM（电子测距）正在进行
m	以米为单位
ft	以英尺为单位
fi	以英尺与英寸为单位，小数点前为英尺，小数点后为百分之一英寸
X	点投影测量中沿基线方向上的数值，从起点到终点的方向为正
Y	点投影测量垂直偏离基线方向上的数值
Z	点投影测量中目标的高程
Inter Feet	国际英尺
US Feet	美国英尺
MdHD	最大距离残差（衡量后方交会的结果用）

常用的软按键提示说明见表2-3。

表2-3 常用的软按键提示说明

软按键提示	功能说明
回退	在编辑框中,删除插入符的前一个字符
清空	删除当前编辑框中输入的内容
确认	结束当前编辑框的输入,插入符转到下一个编辑框以便进行下一个编辑框的输入。如果对话框中只有一个编辑框,或无编辑框,该软按键也用于接受对话框的输入,并退出对话
输入	进入坐标输入对话框,进行键盘输入坐标
调取	从坐标文件中输入坐标数据
信息	显示当前点的点名、编码、坐标等信息
查找	列出当前坐标文件的点,供您逐点选择或列出当前编码文件的编码,供您逐个选择
查看	显示当前选择条所对应记录的详细内容
设置	进行仪器高、目标高的设置
测站	输入仪器所安置的站点信息
后视	输入目标所在点的信息
测量	启动测距仪测距
测存	在坐标、距离测量模式下启动测距;保存本次测量的结果,点名自动加1。补偿器超范围时不能保存
补偿	显示竖轴倾斜值
照明	开关背光、分划板照明
参数	设置测距气象参数、棱镜常数、显示测距信号

3. 基本测量模式下的功能键

(1)角度测量模式(共有两个菜单页面),如图2-3和图2-4所示。

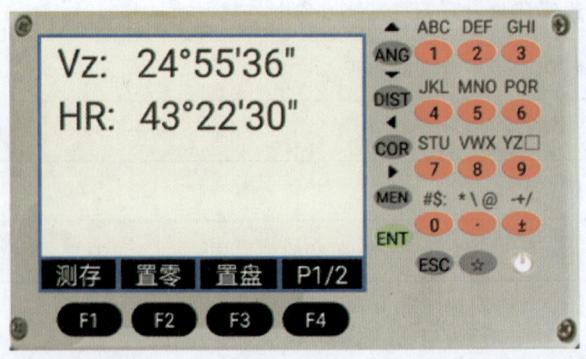

图2-3 测角模式键盘功能与信息示意图

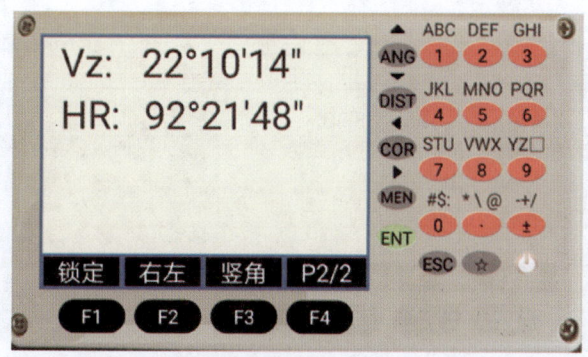

图 2-4　测角模式菜单页面示意图

中海达 ZTS-121 全站仪测角模式符号功能见表 2-4。

表 2-4　测角模式符号功能表

页面	软键	显示符号	功能
1	F1	测存	将角度数据记录到选择的测量文件中
	F2	置零	水平角置零
	F3	置盘	通过键盘输入并设置自己所期望的水平角,角度不大于360°
	F4	P1/2	显示第 2 页软键功能
2	F1	锁定	水平角读数锁定
	F2	右左	水平角右角/左角显示模式的转换
	F3	竖角	垂直角显示方式(高度角/天顶距/水平零/斜度)的切换
	F4	P2/2	显示第 1 页软键功能

(2)距离测量模式(共有两个菜单页面),如图 2-5 和图 2-6 所示。

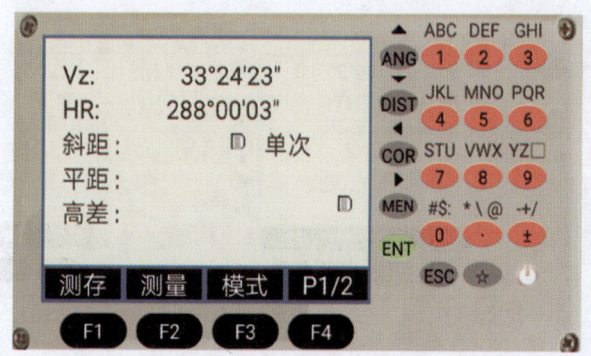

图 2-5　测距模式键盘功能与信息示意图

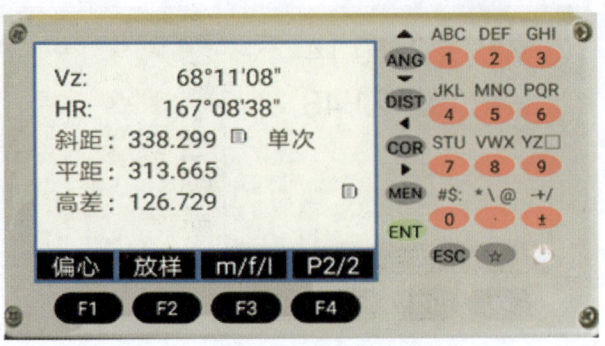

图 2-6 测距模式菜单页面示意图

中海达 ZTS-121 全站仪测距模式符号功能见表 2-5。

表 2-5 测距模式符号功能表

页面	软键	显示符号	功能
1	F1	测存	启动距离测量,将测量数据记录到相对应的文件中(测量文件和坐标文件在数据采集菜单功能中选定或通过"★"键选择)
	F2	测量	启动距离测量
	F3	模式	设置 4 种测距模式(单次精测/N 次精测/重复精测/跟踪)之一
	F4	P1/2	显示第 2 页软键功能
2	F1	偏心	启动偏心测量功能
	F2	放样	启动距离放样
	F3	m/f/i	设置距离单位(米/英尺/英寸)
	F4	P2/2	显示第 1 页软键功能

(3)坐标测量模式(共有 3 个菜单页面),如图 2-7 所示。

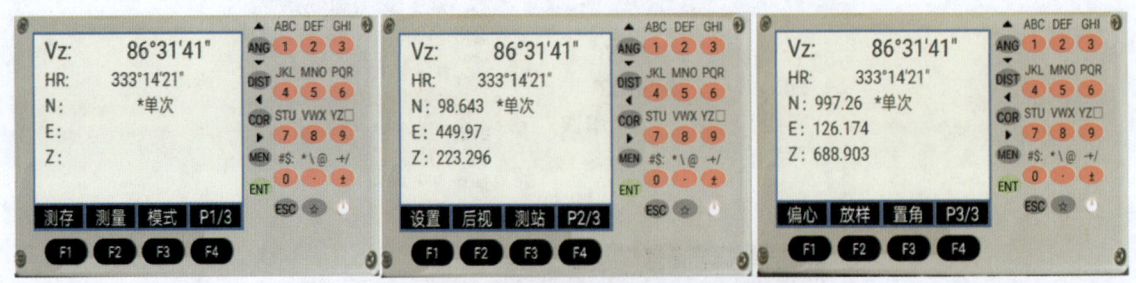

图 2-7 坐标测量模式菜单页面示意图

中海达 ZTS-121 全站仪坐标测量模式符号功能见表 2-6。

表 2-6 坐标测量模式符号功能表

页面	软键	显示符号	功能
1	F1	测存	启动坐标测量,将测量数据记录到相对应的文件中(测量文件和坐标文件在数据采集功能中选定或用"★"键选择)
1	F2	测量	启动坐标测量
1	F3	模式	设置4种测距模式(单次精测/N次精测/重复精测/跟踪)之一
1	F4	P1/3	显示第2页软键功能
2	F1	设置	设置目标高和仪器高
2	F2	后视	设置后视点的坐标,并设置后视角度
2	F3	测站	设置测站点的坐标
2	F4	P2/3	显示第3页软键功能
3	F1	偏心	启动偏心测量功能
3	F2	放样	启动放样功能
3	F3	置角	设置方位角(与角度测量模式的置盘功能相同)
3	F4	P3/3	显示第1页软键功能

4. 测存的说明

如果是首次使用"测存"软按键时,还没有进行过选取测量文件的操作,此时,会出现"选择文件"对话框,这是一个选择仪器所使用的各种文件的好时机。单次测量或多次测量模式测量完成时,立即出现"保存点"对话框(选择了"编辑点"),此时,可以修改点名、编码、目标高的设置。"ENT"键将坐标信息保存到测量文件。"★"键将坐标信息同时保存到测量文件和坐标文件(见显示屏的提示)。当选择了"不编辑"时,测存后直接按照当前的点名、标高和代码保存数据,保存后点名加1。

5. "★"键模式

在需要测距的界面下,按下"★"键后,屏幕显示如图2-8所示。

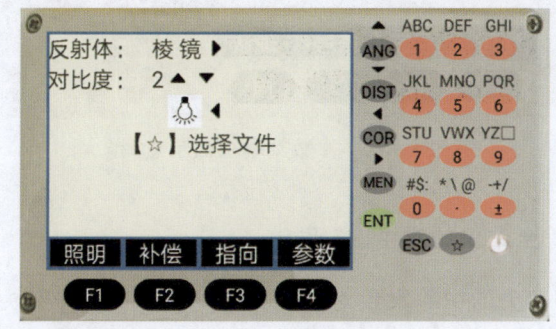

图 2-8 "★"键模式菜单页面示意图

由"★"键可作如下仪器设置。

(1)对比度调节:通过按"▲▼"键,可以调节液晶显示对比度。

(2)背景光照明:按"F1"键,打开背景光。再按"F1"键,关闭背景光。

(3)补偿:按"F2"键进入"补偿"显示功能,按"F2"键设置倾斜补偿的开或者关。按"◀▶"键调节激光下对点亮度,如图2-9所示。

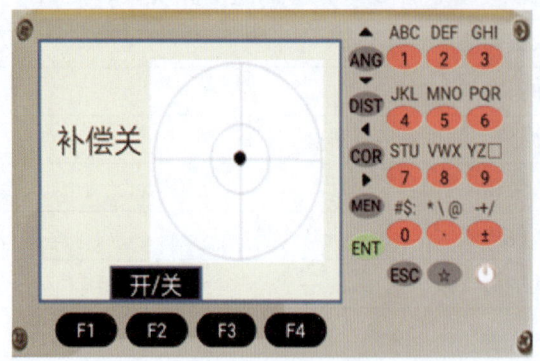 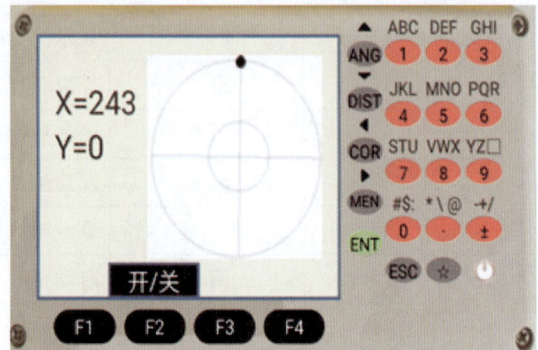

图2-9 "★"键模式补偿菜单页面示意图

(4)反射体:按"▶"键可设置反射目标的类型。每按下"▶"键一次,反射目标便在棱镜/免棱镜/反射片之间转换。

(5)指向:按"F3"键可见激光束在出和不出间切换。

(6)参数:按"F4"键选择"参数",可以对棱镜常数、PPM值和温度气压进行设置,若配备了温度气压传感器,按"F1"键(温压)可以自动采集温度气压值并显示更新温度、气压、PPM等数据。并且可以查看回光信号的强弱。与测距有关的参数设置对话框如图2-10所示(输入温度气压后仪器自动解算出PPM值,如果对PPM值不满意,可以输入自己期望的PPM值保存)。

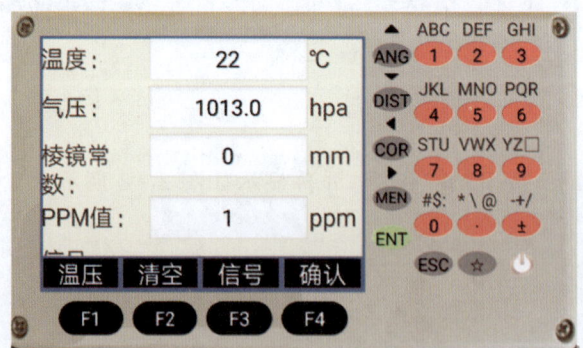

图2-10 参数菜单页面示意图

6. 中海达ZTS-121全站仪的对中、整平

先打开三脚架,使脚架头的中心大致对准测站点,同时保持脚架头大致水平;脚架不要太陡或者太张开。

(1)安置三脚架。①完全松开脚架的腿以便仪器安置;②确认站心在脚架上中心孔的正下方;③把脚架的脚使劲踩入地面;④整平使脚架表面处于水平位置;⑤拧紧脚架腿上的螺旋;⑥将仪器安放在脚架上,两个三角形形状吻合,把脚架中心连接螺杆插入仪器底部的中心并拧紧。

(2)利用光学对中整平仪器。①把仪器安放在脚架上,将脚架的中心螺杆插入仪器底部中心并拧紧;②通过光学对中器,调节脚螺旋使站心的成像与对中器内的中心标记重合;③用一个手扶着脚架顶部,松开脚架腿螺旋调整腿的长度,使圈水准器的气泡居中,然后拧紧腿螺旋;④用水准管进一步地整平;⑤通过光学对中器进一步确认站心与中心标记是否重合;⑥如果发现稍微的偏移,松开中心螺旋,将仪器直接平移到站心正上方(不是旋转),然后拧紧中心螺旋,如果偏移量较大,请重复②~⑥步骤。

五、注意事项

(1)中海达 ZTS-121 全站仪作为精密电子仪器,使用过程中应注意防雨、防晒、防尘。

(2)在使用中海达 ZTS-121 全站仪的过程中,禁止直接用望远镜观察太阳,以免造成眼睛损伤。

(3)仪器装箱前应取下电池,取下电池前务必关闭电源开关。

(4)迁站时必须将仪器从三脚架上取下。

实验二　角度测量

一、目的和要求

(1)掌握测回法测量水平角的方法。
(2)上、下半测回角值之差的限差为±40″。
(3)各测回互差的限差为±24″。
(4)每位学生合格地观测一个测回。

二、仪器和工具

中海达 ZTS-121 全站仪 1 台；记录纸 1 份；记录板 1 块。

三、实验内容

用测回法观测两个方向之间的夹角。

四、实验方法与步骤

开机后仪器自动进入角度测量模式，或在基本测量模式下用"ANG"键进入角度测量模式，角度测量共两个界面，如图 2-11 所示，用"F4"键在两个界面中切换。

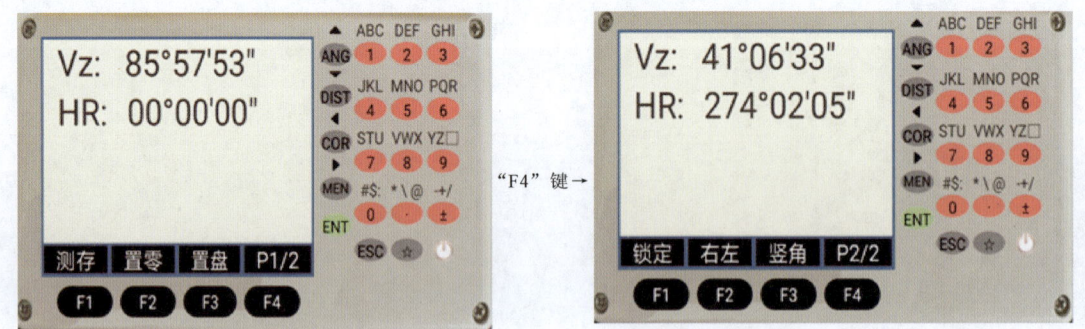

图 2-11　测角模式菜单页面示意图

界面一定要显示 Vz 和 HR，如不是，按至第 2 页调整(左右调 HR，竖角调 Vz)

(1)如图 2-12 所示，在测站 O 点安置中海达 ZTS-121 全站仪，对中整平后，于盘左位置，用望远镜竖丝精确瞄准第一个观测目标 A。按照测回数配置好水平度盘后，读水平度盘读

数 $a_左$ 并记入手簿。

（2）松开照准部制动螺旋，顺时针旋转，精确瞄准第二个观测目标 B，读水平度盘读数 $b_左$ 并记入手簿。以上操作称为上半测回，测得角值为：$\beta_左 = b_左 - a_左$。

（3）倒转望远镜，让中海达 ZTS-121 全站仪处于盘右位置，松开照准部制动螺旋，逆时针旋转，精确瞄准第二个观测目标 B，读水平度盘读数 $b_右$ 并记入手簿。

（4）松开照准部制动螺旋，逆时针旋转，再瞄准第一个观测目标 A，读水平度盘读数 $a_右$ 并记入手簿。以上操作称为下半测回，测得角值为：$\beta_右 = b_右 - a_右$。

如上、下半测回角值之差不超过 $\pm 40''$，可取上、下半测回角值的平均值，作为一测回的角值。即：$\beta = \dfrac{\beta_左 + \beta_右}{2}$。

如果上、下半测回角值之差超过 $\pm 40''$，则外业观测结果不合格，须重新观测。

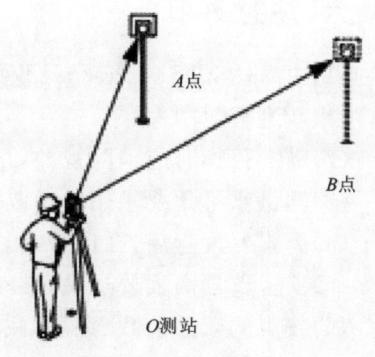

图 2-12　测回法观测水平角示意图

五、记录格式

记录格式见表 2-7。

表 2-7　测回法水平角观测手簿

时间：　　年　月　日　　　　天气：　　　　　　成像：
仪器及编号：　　　　　　　　观测者：　　　　　　记录者：

测站	竖盘位置	目标	水平度盘读数 ° ′ ″	半测回角值 ° ′ ″	一测回角值 ° ′ ″	备注

六、注意事项

(1)中海达 ZTS-121 全站仪应严格地对中、整平,在测回间如果管水准气泡偏移超过一格,须重新进行对中、整平。

(2)瞄准目标时应消除视差,尽量瞄准目标底部。

(3)测量水平角要求用竖丝瞄准目标,度盘上面显示为 HR,在水平度盘上进行读数。

(4)配置好度盘后,在读数前,应检查目标是否精确瞄准。

(5)安置仪器高度要适中,转动照准部及使用各种螺旋时用力要轻。

(6)按观测顺序读数、记录,注意检查测量结果是否符合限差,超限应重测。

实验三　距离测量

一、目的与要求

(1)掌握中海达 ZTS-121 全站仪测距的原理与方法。
(2)会正确使用中海达 ZTS-121 全站仪测距。
(3)要求一个测回照准目标 1 次,读取数据 4 个,测回读数间较差限值为 10mm,测回间较差限值为 15mm。

二、仪器和工具

中海达 ZTS-121 全站仪 1 台;单棱镜 1 套;记录纸 1 份;记录板 1 块。

三、实验内容

中海达 ZTS-121 全站仪测距。

四、实验方法与步骤

1. 测距参数设置

按下"★"键后,屏幕显示如图 2-13 所示。

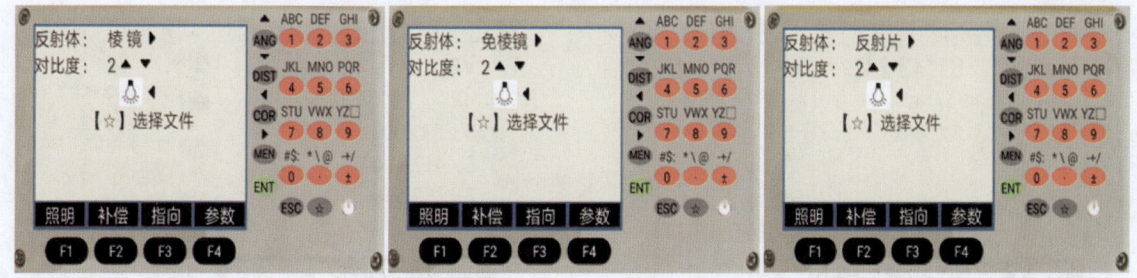

图 2-13　"★"键模式菜单页面示意图

由"★"键可作如下仪器设置。
对比度调节:通过按"▲▼"键,可以调节液晶显示对比度。
背景光照明:按"F1"键,打开背景光。再按"F1"键,关闭背景光。

补偿:按"F2"键进入"补偿"显示功能,按"F2"键设置倾斜补偿的开或者关。

反射体:按"▶"键可设置反射目标的类型。每按下"▶"键一次,反射目标便在棱镜/免棱镜/反射片之间转换。

指向:按"F3"键可见激光束在出和不出间切换。

参数:按"F4"键选择"参数",可以对温度气压棱镜常数、PPM 值进行设置(按"F4"确认键上下选择,不能按右边的上下箭头键,然后按"ENT"保存,按"ESC"键退出,按"DIST"键进入测距模式),如图 2-14 所示,并且可以查看回光信号的强弱。指向:棱镜上会显示光点。

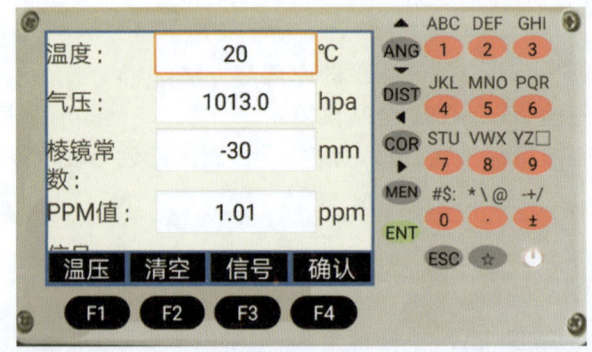

图 2-14 "★"键模式参数菜单页面示意图

2. 设置

在测站点安置中海达 ZTS-121 全站仪,对中,整平,棱镜竖直。于盘左位置,用十字丝交点瞄准棱镜中心。反射体选择"棱镜",参数设置输入温度、气压和棱镜常数。

3. 按"DIST"键进入距离测量模式

距离测量共两个界面,用"F4"键在两个界面中切换,如图 2-15 所示。

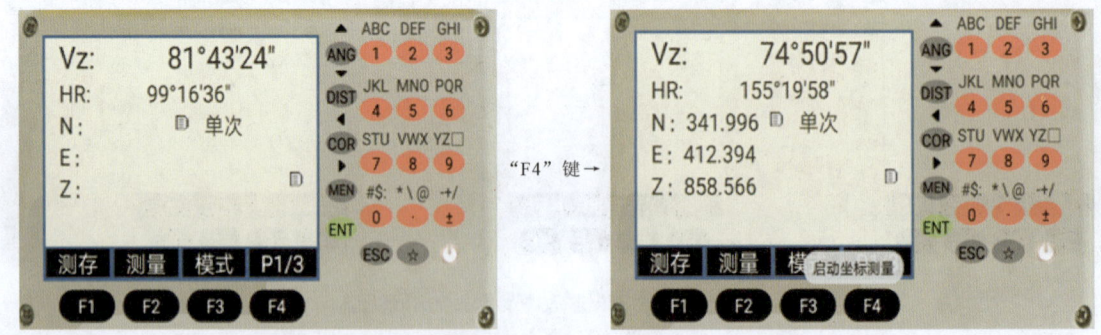

图 2-15 中海达 ZTS-121 全站仪测距模式菜单页面示意图

在第 1 页按"F3"键模式选择测距仪的工作模式,分别是单次、多次、连续、跟踪。当按下"F3"键时,弹出选择菜单,使用"▲▼"按钮移动选项指针">",移动相应的选项后,用"ENT"键确认;当移动到"多次"测量项时,用"◀▶"按钮可以使多次测量的次数在 3~9 次之中选择,本次实习选择单次。

在第 1 页按"F2"键开始测量距离并显示斜距、平距、高差。第 2 页距离单位的选择,一定是以米(m)为单位。

五、记录格式

记录格式见表 2-8。

表 2-8 中海达 ZTS-121 全站仪测距记录表

仪器：　　　观测者：　　　记录者：　　　日期：　　　成像：　　　仪器高：

照准目标	次序	距离读数	照准目标	次序	距离读数
	1			1	
	2			2	
	3			3	
	4			4	
	中数			中数	
	1			1	
	2			2	
	3			3	
	4			4	
	中数			中数	

六、注意事项

(1)中海达 ZTS-121 全站仪安放到三脚架上后必须立即将中心连接螺旋旋紧,以防仪器从脚架上掉下摔坏。

(2)转动各螺旋时要稳、轻、慢,用力不能太大。仪器旋钮不宜拧得过紧,微动螺旋只能用到适中位置,不宜太过头。螺旋转到头要返转回来少许,切勿继续再转,以防脱扣。

(3)仪器装箱一般要松开水平制动螺旋,试着合上箱盖,不可用力过猛,以免压坏仪器。

(4)距离观测时,每个同学至少观测一测回。

(5)测水平距离(模式选单次,注意单位一定是 m,如果是其他,按第 2 页"F3"键切换)。

(6)进行测距前必须设置好各项测距参数。

(7)测距完成后注意区分斜距与平距,一般来说,记录的距离值是指平距。

(8)测距时要求用十字丝交点瞄准棱镜中心。

实验四　水准测量

一、目的和要求

(1)掌握用 DS_3 水准仪进行四等水准测量的步骤。

(2)四等水准测量每测站的限差:前、后视距值≤80m,前后视距差≤5m,黑红面读数差≤3mm,黑红面所测量高差之差≤5mm。

(3)水准路线高差闭合差 $f_h \leqslant 20\sqrt{S}$ mm。

二、仪器和工具

DS_3 水准仪 1 台;水准仪脚架 1 个;水准尺 1 对;尺垫 2 个;记录板 1 块。

三、实验内容

用 DS_3 水准仪按照四等水准测量的要求测量一条闭合水准路线。

四、实验方法与步骤

1. 选定施测路线

在地面上选取一点作为高程起始点,选择一定长度、有一定起伏的路线组成一条闭合水准路线,该闭合水准路线包含 4 个或 6 个测站。

2. 四等水准测量每测站的观测程序

(1)安置整平仪器,照准后尺黑面,调微倾螺旋使符合水准器严密居中,依次读取上、下丝及中丝读数,并将数据依次记入四等水准测量观测手簿中①、②、③的位置。

(2)转动水准仪,照准前尺黑面,调微倾螺旋使符合水准器严密居中,依次读取上、下丝及中丝读数,并将数据依次记入四等水准测量观测手簿中④、⑤、⑥的位置。

(3)前尺变红面朝向仪器,使符合水准器严密居中,读取中丝读数,并将数据记入四等水准测量观测手簿中⑦的位置。

(4)后尺变红面,仪器照准后尺红面,使符合水准器严密居中,读取中丝读数,并将数据记入四等水准测量观测手簿中⑧的位置。

以上观测顺序简称为:后—前—前—后,或黑—黑—红—红。

3. 四等水准测量每测站的计算与检核

在记录的同时,应及时进行计算及检核,不能等待观测完再计算,发现问题及时提醒观测员进行补救。计算内容有:

(1)视距部分。

后视距离:⑮＝①－②≤80m;

前视距离:⑯＝④－⑤≤80m;

前、后视距差:⑰＝⑮－⑯≤5.0m;

视距累积差:⑱＝本站⑰＋前站⑱≤10.0m。

(2)高差部分。

前尺红黑面读数差:⑨＝⑥＋K－⑦≤3.0mm;

后尺红黑面读数差:⑩＝③＋K－⑧≤3.0mm;

两尺黑面高差:⑪＝③－⑥;

两尺红面高差:⑫＝⑧－⑦;

黑面高差与红面高差之差:⑬＝⑪－⑫±0.1＝⑩－⑨≤5.0mm;

高差中数:⑭＝{⑪＋⑫±0.1}/2。

式中常数 0.1 是两水准尺红面零点差之差,即 4.687 与 4.787 之差。作业时,对每一个测站,必须全部计算完毕并确认符合限差要求后,才能移动后尺尺垫和迁站,否则就要全测段重测。

五、记录格式

记录格式见表 2-9。

表 2-9 三、四等水准测量记录表

时间:　年　月　日　　　　天气:　　　　成像:

仪器及编号:　　　　　　观测者:　　　　记录者:　　　　第　页

测站编号	点号	后尺 上丝 / 下丝 / 后视距(m) / 视距差 d(m)	前尺 上丝 / 下丝 / 前视距(m) / $\sum d$(m)	方向及尺号	标尺读数(m) 黑面	标尺读数(m) 红面	黑＋K－红(mm)	高差中数(m)	备注
		①	④	后	③	⑧	⑩		
		②	⑤	前	⑥	⑦	⑨	⑭	
		⑮	⑯	后－前	⑪	⑫	⑬		K 为水准尺常数
		⑰	⑱						
				后					
				前					
				后－前					

续表 2-9

测站编号	点号	后尺	上丝	前尺	上丝	方向及尺号	标尺读数(m)		黑+K-红(mm)	高差中数(m)	备注
			下丝		下丝		黑面	红面			
		后视距(m)		前视距(m)							
		视距差 d(m)		$\sum d$(m)							
						后					
						前					
						后-前					
											K 为水准尺常数
						前					
						后-前					

六、注意事项

(1)转点起着传递高程的作用,在相邻转站过程中,尺位要严格保持不变,否则,会给高差带来误差,而且转点上的读数一为前视读数,另一为后视读数,两个读数缺一不可。一般来说,转点上应放置尺垫。

(2)按规范要求每条水准路线测量测站个数应为偶数,以消除两根水准尺的零点误差和其他误差。

(3)前后视距要大致相等,以消除 i 角误差。

(4)水准尺要尽量竖直,以减小水准尺倾斜误差对读数的影响。

(5)每个测站必须等全部计算完毕并确认符合限差要求后才能迁站。

实验五 全站仪坐标测量

一、目的与要求

(1)掌握中海达 ZTS-121 全站仪坐标测量的原理与方法。
(2)会正确使用中海达 ZTS-121 全站仪测量点的坐标。

二、仪器和工具

中海达 ZTS-121 全站仪 1 台;单棱镜 1 套;记录纸 1 份;记录板 1 块。

三、实验内容

中海达 ZTS-121 全站仪测量点的坐标。

四、实验方法与步骤

坐标测量模式共有 3 个菜单页面,如图 2-16 所示,用"F4"键在 3 个界面中切换。

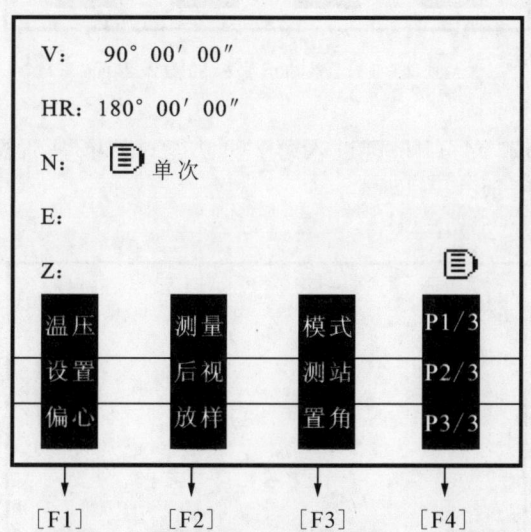

图 2-16 中海达 ZTS-121 全站仪坐标测量模式菜单页面示意图

仪器架设在测站点,对中,整平。设站前先精确瞄准后视点棱镜中心。
(1)仪器高和目标高(棱镜高)的设置:由坐标测量模式按"F4"(P1)键进入第 2 页功能;按

"F1"(设置)键,输入当前的仪器高和目标高(棱镜高),如图 2-17 所示。

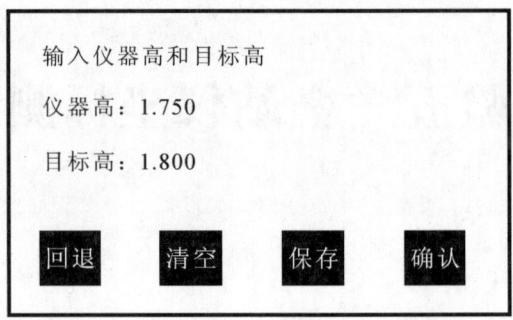

图 2-17 仪器高和目标高的输入界面

(2)输入测站点坐标:由坐标测量模式按"F4"(P1)键进入第 2 页功能;按"F3"(测站)键,分别输入测站点坐标(N,E,Z),如图 2-18 所示。

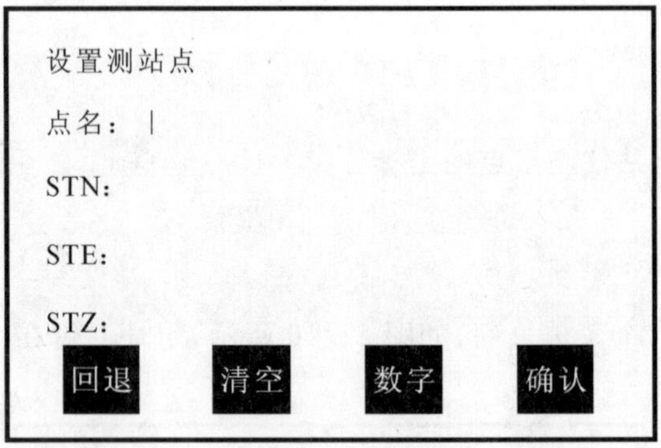

图 2-18 测站点坐标的输入界面

(3)由坐标测量模式按"F4"(P1)键进入第 2 页功能;按"F2"(后视)键,分别输入后视点坐标(N,E,Z),如图 2-19 所示。

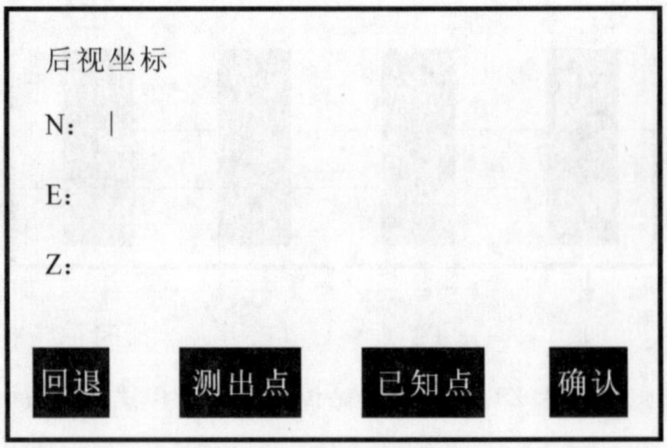

图 2-19 后视坐标的输入界面

(4)精确瞄准待测点上棱镜中心,按测量键进行测量,几秒钟后所显示值即为待测点的坐标(N,E,Z)。

五、记录格式

记录格式见表 2-10。

表 2-10 中海达 ZTS-121 全站仪坐标测量记录表

点号	X	Y	H

六、注意事项

(1)做好仪器的站点坐标设置、方位角设置、目标高和仪器高的输入工作。
(2)定向时,请精确瞄准目标。
(3)进行坐标测量时,在输入后视点坐标后、按"OK"键前一定要检查是否精确瞄准后视点。

实验六　GPS 测量

一、目的与要求

(1)熟悉 GPS 接收机的构成。
(2)熟悉 GPS 接收机的一般操作。
(3)学会 GPS 接收机的数据采集。

二、仪器和工具

GPS 接收机 1 台;记录纸 1 份。

三、实验内容

GPS 接收机的数据采集。

四、实验方法与步骤

1. 开启 GPS

在手持机的顶部下拉菜单中,找到 GPS 选项,并打开 GPS 信号。以便手持机能利用 GPS 信号进行单点定位,如图 2-20 所示。

2. 进入 Hi-Q Ⅱ

在手持机的应用程序中,找到 Hi-Q Ⅱ 软件,进入 Hi-Q Ⅱ 主界面,如图 2-21 所示。

3. 查看 GPS 信号

在 Hi-Q Ⅱ 主界面中选择"卫星视图",查看 GPS 信号。如果出现图 2-22 所示的界面,则表明手持机已接收到 GPS 信号,可进行定位。如果界面中没有显示具体的坐标数据,则需等待手持机接收 GPS 信号,否则无法进行定位。

4. 实时采集

在 Hi-Q Ⅱ 主界面中,选择"实时采集"选项,进入实时采集界面。采集界面分为坐标显示区域,地图区域,一级、二级工具栏和地图浏览快捷工具栏。界面如图 2-23 所示。

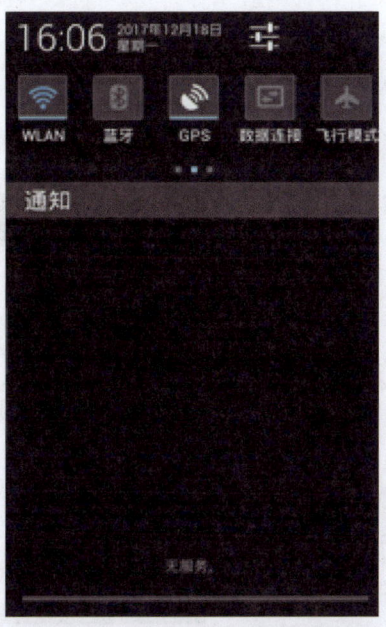

图 2-20 GPS 菜单

图 2-21 Hi-Q Ⅱ 主界面图

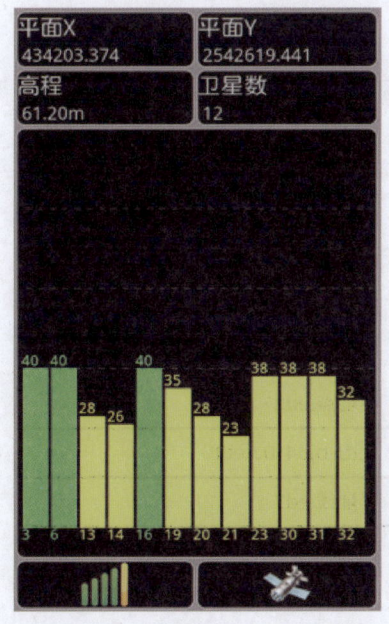

图 2-22 GPS 信号图

图 2-23 实时采集界面

一级菜单,从左往右分别为文件、浏览、采集、编辑、放样、设置、工具、关于,如图 2-24 所示。

地图浏览快捷工具栏,从上往下对应的功能分别为放大、缩小、平移、居中、全图。其中,"居中" 功能,是为了方便用户快速定位到当前位置。

图 2-24　一级菜单

实际操作过程中,也可通过单指对地图进行平移,通过双指对地图进行缩小和放大。

5. 坐标显示

实时采集界面下方的"坐标显示",既可以显示平面坐标(xyh),也可以显示大地坐标(BLH),此功能可以在"设置"中进行调整。

选择一级菜单中的"设置",在二级菜单中选择"系统设置",也可以在最开始的主界面中选择"设置",进入"系统设置",进行"坐标格式"设置,设置整个应用程序的显示格式。

用户可以根据需要,选择任意的坐标格式,点击选择即可,如图 2-25 所示。

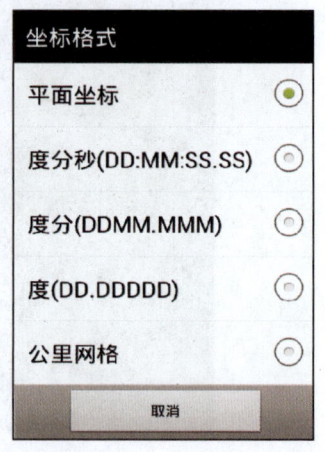

图 2-25　坐标格式

6. 查看任务

软件中将会提前导入实习中需要确定的点,如图 2-26 所示,红色的点即为需要确定的点。如果图中没有显示红色标记,说明点的图层被覆盖,或者点数据没有导入软件。如果点的图层被覆盖,则需要调整图层。在"文件"中,选择"图层管理",将会弹出图层管理界面,如图 2-27 所示,图中的每一行即为一种图层。

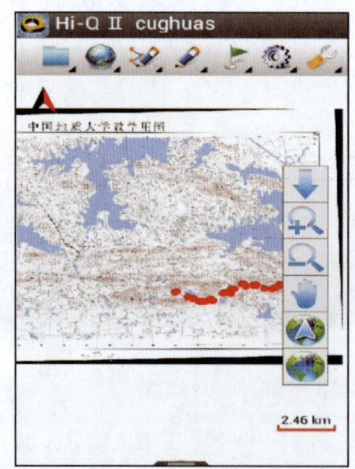

图 2-26　地形图中点位图

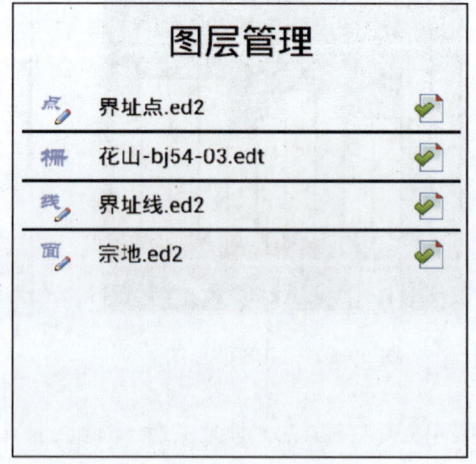

图 2-27　图层管理界面 1

在显示时,软件会从上往下依次对图层进行显示,所以有时会产生覆盖。对于想优先显示的图层,只需要选中相应图层,在界面中选择"上移"或者"下移"进行调整,如图 2-28 所示。

7. 记录路线

通过"采集"功能,实现在行进过程中记录行进路线。

选择一级菜单中的"采集" ,在二级菜单中选择"图层选择" ,在弹出的界面中选择"界址线 ed2.(线)",如图 2-29 所示。

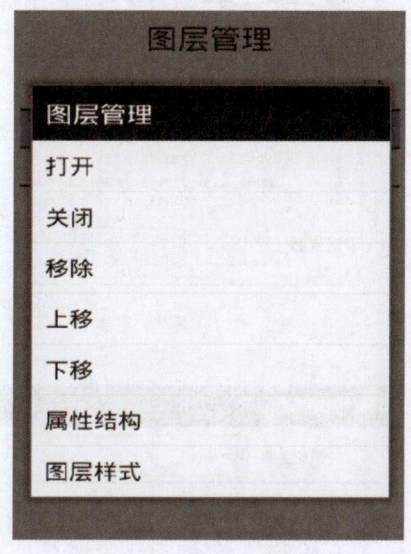 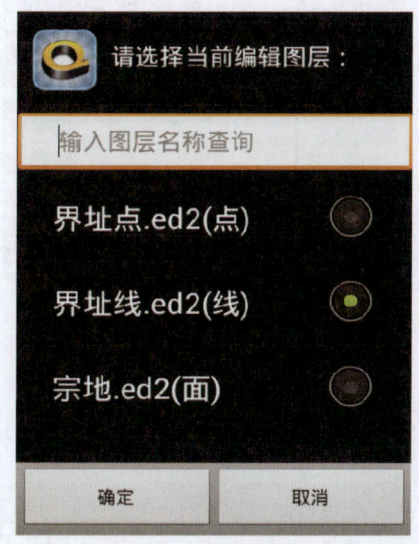

图 2-28　图层管理界面 2　　　　　　图 2-29　图层选择

在实际采集过程中,有 3 种方式可以进行路线中点位坐标的采集,分别是单点采集、平滑采集和自动采集。

点击"单点采集" ,软件会立即记录当前位置的坐标数据。图中的红色点,即为单点采集的点位,如图 2-30 所示。

点击"平滑采集" ,如图 2-31 所示。软件会连续采集 15 个当前点的点位坐标,对其求平均值,点位最终坐标为求得的平均值。如果在采集过程中,用户想停止采集,点击"结束"即可。点击"保存",即可保存最终点位坐标。

选择"自动采集",软件会根据设定值(距离或者时间),不间断地采集点位数据,直到采集结束。采集方式设置界面,如图 2-32 所示。

如果在采集过程中出现问题,想去掉上一个点,可以选择"撤消上一个点"。

请注意,当路线采集完成后,必须点击"结束采集" ,然后在保存界面中,设置属性,保存路线,否则将无法记录数据。如图 2-33 所示,界线性质即可作为区别线型地物的属性,根据命名的不同,区别不同的线。

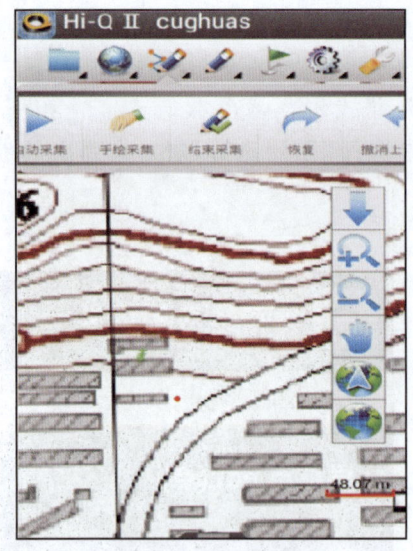

图 2-30 单点采集

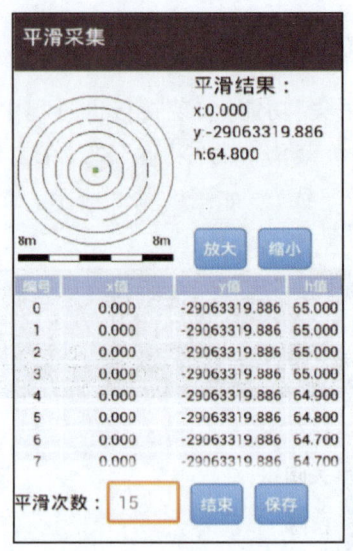

图 2-31 平滑采集

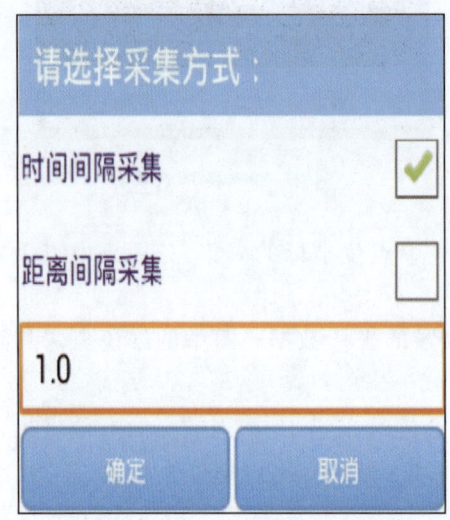

图 2-32 采集方式设置界面

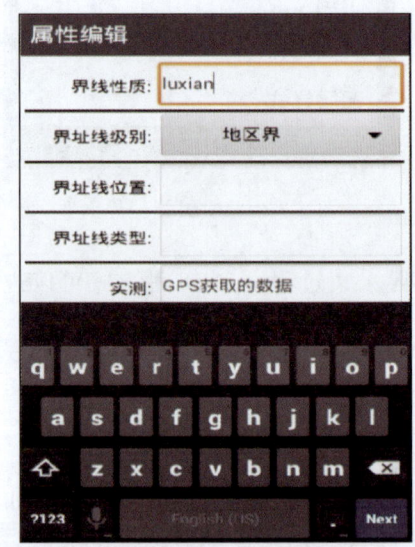

图 2-33 属性编辑界面 1

结束采集保存数据时,一定要根据实习的要求,对需要保存的数据进行命名。务必要在保存地物数据时,为地物输入相应的属性名,以便区别不同的地物。如图 2-34 所示的"界址点号",上图的"界线性质"。

软件保存点时,每次都会自动将点号命名为"0",且不累加。如不对点号进行修改,软件将会重复保存多个点号为"0"的数据,因为软件中允许存在相同点号的点。如图 2-35 所示,软件中同时存在着两个点号为"1078"的点。

保存数据时还需要注意,软件中对点号命名只能输入数字,不能加入字符,如图 2-34 所示,属性编辑的下方只有输入数字的界面。

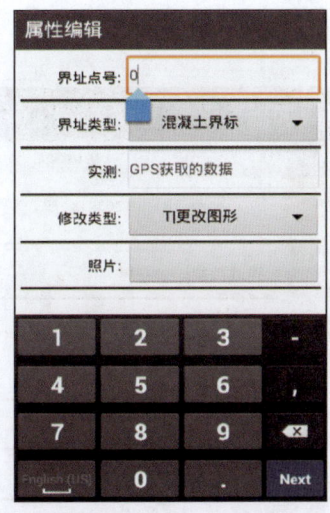
图 2-34 属性编辑界面 2

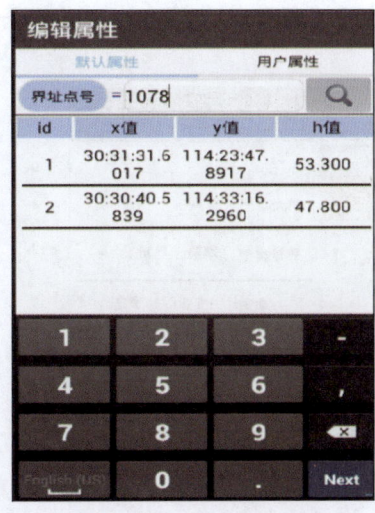
图 2-35 编辑属性界面

8. 查询数据

在 Hi-Q Ⅱ 软件中,通过"查询"功能和"编辑属性"功能,均可查询点坐标或者线面地物的相关信息。

选择一级菜单中的"编辑",二级菜单中第一项就是"查询",选中图标,图标会变亮。然后,在地图中通过手指选择一定范围的矩形区域,如果矩形区域中存在点或者地物,界面中就会出现对应点或者地物的属性,在属性界面中可以看到对应的坐标数据等信息。否则,实时采集界面中会显示"未选中任何地物"。请注意,查询完毕后,请及时关掉。

绿色区域即为选中区域,如图 2-36 所示。

未选中地物的显示,如图 2-37 所示。

图 2-36 查询选中地物界面

图 2-37 查询没有选中地物界面

如果选取的区域存在点或者地物，如图 2-38 和图 2-39 所示。

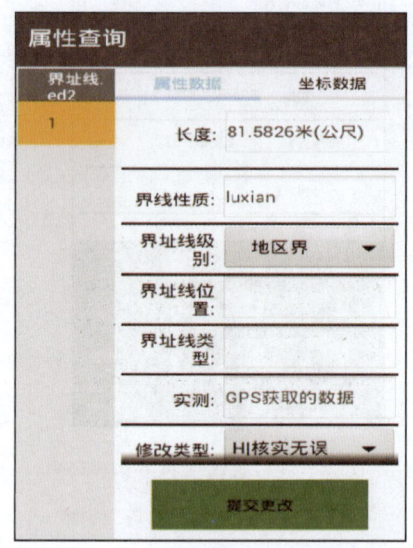

图 2-38　查询显示点　　　　　　图 2-39　查询显示地物

选择一级菜单中的"编辑" 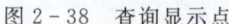，二级菜单中第二项就是"编辑属性"，选中图标，软件会提示"请选择当前编辑图层"，根据需要查询的数据类型，请选择不同的图层（点、线、面），如图 2-40 所示，点击下方的"确定"。

软件在"默认属性"中会显示图层中相应的点或者地物属性数据，选择列表中任意项，在"用户属性"中可以看到对应项的属性。比如选择的点数据，就会看到点位的点号、照片以及其他属性。

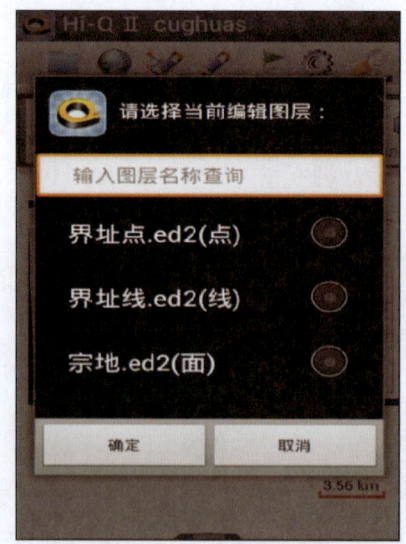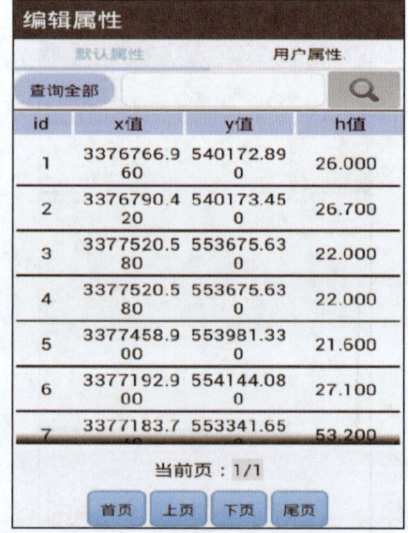

图 2-40　不同图层选择界面　　　　　图 2-41　图层数据信息界面

如图 2-41 所示,界面中会显示所选图层中所有的数据信息。如果想根据特定的条件去查询点或者其他地物,可以点击界面中的"查询全部",软件会弹出界面,如图 2-42 所示,可以根据自己的意愿选择不同的字段查询地物。

如图 2-43 所示,通过"界址点号"查询相应的点,因为点号为"1078"的点存在两个,所以界面中会显示所有满足条件的数据信息。选中某一行的数据,在"用户属性"中可以查看对应的属性数据,如点号、照片等。

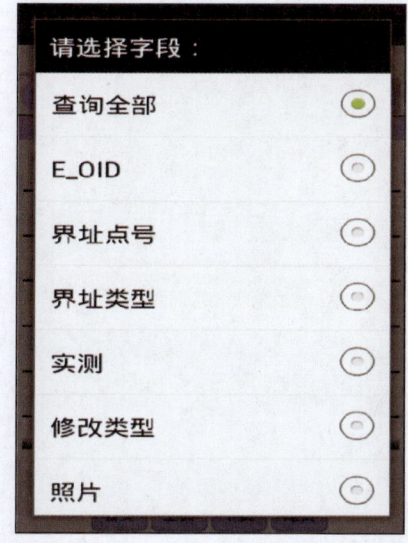

图 2-42　查询全部界面

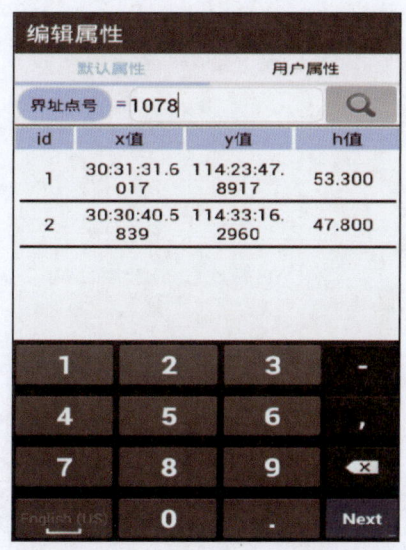

图 2-43　查询界址点界面

五、记录格式

记录格式见表 2-11。

表 2-11　GPS 采集数据表

时间:　　年　月　日　　　　　天气:
观测者:　　　　　　　　　　　记录者:

点号	X	Y	H

六、注意事项

(1)实习前须认真阅读实习指导书,明确本次实习的目的及要求。
(2)GPS 接收机在使用过程中要十分细心,以防损坏。

实验七　等高线勾绘

一、目的与要求

(1) 掌握等高线勾绘的原理与方法。
(2) 会正确勾绘等高线。

二、仪器和工具

等高线勾绘纸；铅笔。

三、实验内容

勾绘等高线。

四、实验方法与步骤

为了便于勾绘等高线，首先用铅笔轻轻描绘出山脊线、山谷线等地性线，然后根据地性线附近的碎部点高程勾绘出等高线。如图 2-44 所示，地面上两碎部点 A、B 的高程分别为 52.8m 及 57.4m，若取 1m 等高距时，其间有 53、54、55、56、57 五条等高线通过。由于碎部点是选在地面坡度变化处，因此相邻两点间山坡可视为均匀坡度。这样可在两相邻碎部点的连线上按平距与高差成比例的关系，内插出两点间各条整米等高线，求出它们在地图上的位置 m、n、o、p、q。例如，要确定高程等于 53m 的等高线通过的位置 m，只要求出 m 点距离 a 的长度 d_{am} 即可，按前边述及的等高线内插原理，则有 $\frac{d_{am}}{h_{am}}=\frac{d_{ab}}{h_{ab}}$，即 $d_{am}=h_{am}\cdot\frac{d_{ab}}{h_{ab}}$，求出 d_{am} 就可以确定高程为 53m 的等高线经过的位置。同样可以求出其他相邻地形点之间的等高线通过点，根据地性线正确描绘出等高线。当测图熟练后，为了提高勾绘等高线的速度，可采用目估法勾绘相邻地形点之间的等高线。

五、等高线勾绘图

等高线勾绘练习图见实验报告七。

六、注意事项

(1) 将等高线加以修饰，使之均匀圆滑，且清晰明显。

（2）计曲线粗 0.3mm，首曲线粗 0.15mm。等高线注记仅在计曲线上写出高程，书写数字时，字头向着山顶。

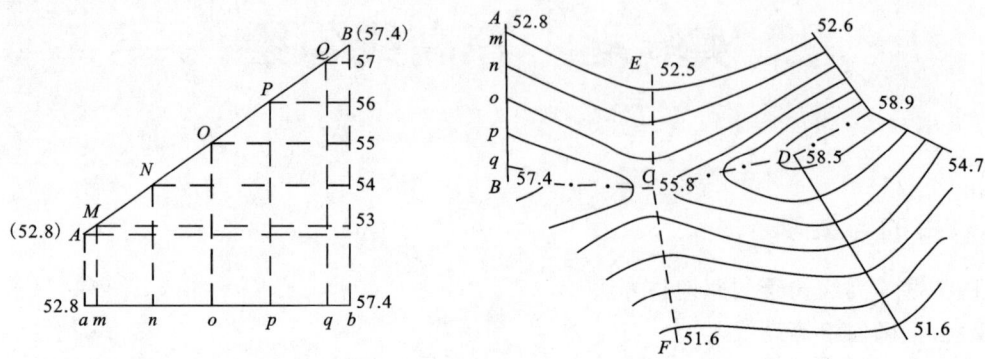

图 2-44　等高线勾绘（单位：m）

实验八 地形图上的量测作业

一、目的与要求

(1)掌握地形图上的量测原理。
(2)掌握中、小比例尺图上量测的基本方法。

二、仪器和工具

地形图1份;铅笔;橡皮;小刀;透明纸;坐标纸;报告纸。

三、实验内容

地形图上的量测作业。

四、实验方法与步骤

(1)图上量取直线或曲线的长度。
(2)图上求任何一点的高程。
(3)图上求任何一点的坐标(地理坐标与平面直角坐标)。
(4)图上量取方位角。
(5)直线坡度的确定。
(6)根据地形图作断面图。
(7)按规定坡度选定最短线路。
(8)地形图量测面积。

五、注意事项

(1)计算坡度时,注意距离为实地的水平距离。
(2)绘制断面图时,注意横坐标比例尺和地形图比例尺一致。

实验九　导线计算

一、目的与要求

（1）掌握导线计算的方法。
（2）角度计算精确到秒，坐标计算应保留至小数点后两位。

二、仪器和工具

导线计算表 1 张；计算器；笔。

三、实验内容

导线计算。

四、实验方法与步骤

1. 角度闭合差的计算与调整

（1）闭合导线。
$$f_\beta = \sum \beta_{理} - \sum \beta_{测} = (n-2) \times 180° - \sum \beta_{测}$$

（2）附合导线。
$$f_\beta = \alpha_{BN} - \alpha'_{BN}$$

若 f_β 不超过 $f_{\beta容}$，即将闭合差平均分配到各观测角中。
$$V_\beta = f_\beta / n$$
$$\beta'_i = \beta_i + V_{\beta_i}$$

2. 导线边坐标方位角推算

$$\alpha_{前} = \alpha_{后} + \beta_{左} \mp 180°（适用于测左角）$$
$$\alpha_{前} = \alpha_{后} - \beta_{右} \pm 180°（适用于测右角）$$

3. 坐标增量的计算

$$\begin{cases} \Delta x_{ij} = S_{ij} \times \cos\alpha_{ij} \\ \Delta y_{ij} = S_{ij} \times \sin\alpha_{ij} \end{cases}$$

4. 坐标增量闭合差的计算与调整

(1)闭合导线。

$$\begin{cases} f_x = -\sum \Delta x_{ij} \\ f_y = -\sum \Delta y_{ij} \end{cases}$$

(2)附合导线。

$$\begin{cases} f_x = (x_B - x_A) - \sum \Delta x_{ij} \\ f_y = (y_B - y_A) - \sum \Delta y_{ij} \end{cases}$$

$$f_S = \sqrt{f_x^2 + f_y^2} \Rightarrow 导线全长闭合差$$

$$k = \frac{f_S}{\sum S_{ij}} \Rightarrow 导线全长相对闭合差$$

$$V_{\Delta x_{ij}} = \frac{f_x}{\sum S} \cdot S_{ij} \quad \Delta x'_{ij} = \Delta x_{ij} + V_{\Delta x_{ij}}$$

$$V_{\Delta y_{ij}} = \frac{f_y}{\sum S} \cdot S_{ij} \quad \Delta y'_{ij} = \Delta y_{ij} + V_{\Delta y_{ij}}$$

5. 逐点计算各点的坐标

$$\left.\begin{array}{l} x_{前} = x_{后} + \Delta x_{改} \\ y_{前} = y_{后} + \Delta y_{改} \end{array}\right\}$$

五、导线计算习题

实测的附合导线图,如图 2-45 所示,请计算各导线点的坐标,计算表格见实验报告九。

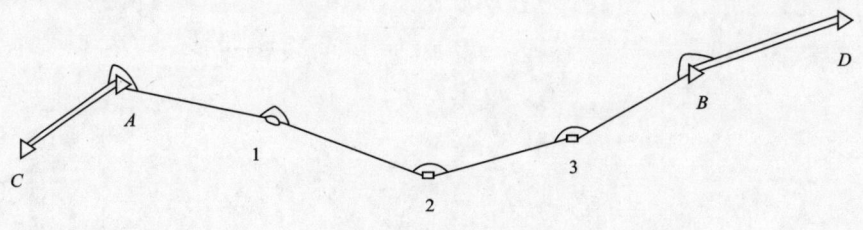

图 2-45　导线计算图

已知数据:

$\alpha_{CA} = 290°21'00''$, $\alpha_{BD} = 351°49'02''$

$x_A = 8865.810\text{m}$, $y_A = 5055.230\text{m}$

$x_B = 9846.690\text{m}$, $y_B = 5354.037\text{m}$

观测数据见表 2-12 和表 2-13。

表 2-12　水平角观测表

点名	转折角（左角）
A	291°07′50″
1	174°45′17″
2	143°47′40″
3	128°53′00″
B	222°53′30″

表 2-13　水平距离观测表

$S_{A1}=388.060$m
$S_{12}=283.382$m
$S_{23}=359.891$m
$S_{3B}=161.930$m

六、注意事项

(1) 闭合差分配后要检核。

(2) 计算方位角时，注意导线的方向。

实验十 土地权属调查

一、实验目的与要求

掌握土地权属调查的内容、方法,熟练掌握地籍调查表的填写和宗地草图的绘制方法,做到能够独立从事土地权属调查工作。

二、仪器和工具

(1)本实验安排 4 个课时。实习在野外进行,可在校内选取一个封闭的地块,如测量风雨实习场、幼儿园、附中等作为调查对象。
(2)每个小组准备经检校过的钢尺 1 副,记录板 1 块,自备铅笔 1 支,小三角板 1 块。
(3)每小组准备空白地籍调查表 1 份。

三、实验任务

(1)对选定的调查宗地进行权属调查。
(2)填写地籍调查表。
(3)绘制该宗地的宗地草图。
(4)编写实验报告。

四、土地权属调查的内容

(1)土地的权属状况,包括宗地权属性质、权属来源、取得土地的时间、土地使用者或所有者名称、取得土地的期限等。
(2)土地的位置,包括土地的坐落、界址、四至关系等。
(3)土地的行政区划界线以及相关的地理名称。
(4)土地的利用状况和级别。

五、土地权属调查的方法与步骤

1. 准备工作

表册、仪器、工具的准备,收集调查区域的相关资料。

2. 实地调查

实地调查包括现场指界、界标设定、实量界址边长、填写地籍调查表、绘制宗地草图等。

(1) 界址指界：应由本宗地及相邻宗地指界人亲自到场共同指界，委托他人指界的应有委托书。

(2) 界标设定：根据宗地的现场实际情况，选择合适的界标，填写宗地界址调查表时应特别注意标明界址线应在的位置，如界址点（线）标志物的中心、内边、外边等。

(3) 实量界址边长：用检校过的钢尺丈量界址边长和相关边长，精确至 0.01m。

(4) 填写地籍调查表：地籍调查表的填写方法和要求请参考《地籍测量》。

(5) 绘制宗地草图：样图如图 2-46 所示，宗地草图的绘制方法和要求请参考《地籍测量》。

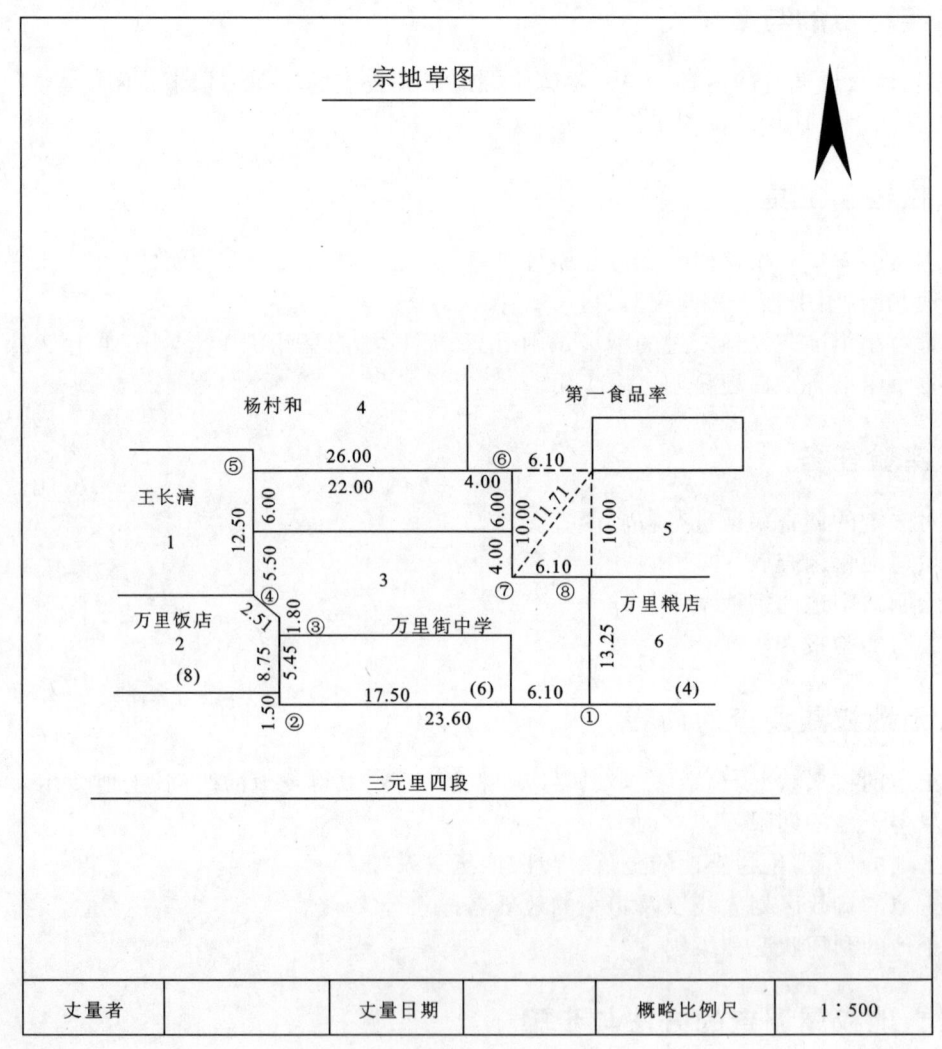

图 2-46 宗地草图样图

六、实验上交成果

按照《城镇地籍调查规程》提交下列成果：

(1) 地籍调查表；

(2)宗地草图;
(3)实验报告。

七、注意事项

(1)丈量用的钢尺需进行检校,合格后方能使用。
(2)地籍调查表要做到图表与实地一致,准确无误,字迹清楚整洁。
(3)地籍调查表中各项目不得涂改,同一项内容划改不得超过两次,划改处应加盖划改人员印章或签名。

实验十一　房屋调查

一、实验目的与要求

(1)掌握房屋调查的内容、方法。
(2)掌握用钢尺进行房屋丈量的测量、记录和计算的方法。
(3)掌握房屋基底面积、建筑面积的计算方法。
(4)掌握共有面积分摊原则及分摊计算的方法。

二、实验任务

(1)对选定的房屋进行调查,填写房屋调查表。
(2)丈量一栋房屋的边长,计算该房屋基底的面积,绘制房屋平面图和房屋分层平面图。
(3)计算房屋建筑面积。
(4)丈量并计算该房屋的共有面积,根据共有面积分摊的原则和方法对共有面积分层(分户)进行分摊计算。
(5)编写实习报告。

三、实习仪器设备

(1)本实习安排 4 个课时,实习在野外进行,计算工作可在日后完成。
(2)每个小组准备经检校的钢尺 1 副,记录板 1 块,自备铅笔 1 支,小三角板 1 块。
(3)每个小组准备边长钢尺量距记录表 2 张,空白房屋平面图 1 张,房屋调查表 1 张(表2-14)。

表 2-14 房屋调查表

市区名称或代码＿＿＿＿ 房产区号＿＿＿＿ 房产分区号＿＿＿＿ 丘号＿＿＿＿ 序号＿＿＿＿

房地坐落				区(县) 街道(镇) 胡同(街巷)号						邮政编码				
产权主							住址							
用途							产别				电话			
房屋状况	幢号	权号	总层数	所在层次	建筑结构	建成年份	占地面积(m²)	建筑面积(m²)	使用面积(m²)	分摊建筑面积(m²)	产权来源	墙体归属			
												东	南	西	北
房屋权界线示意图							附加说明							
							调查意见							

调查员：　　　　日期：　　年　月　日

房屋分层分户平面样图如图 2-47 所示。

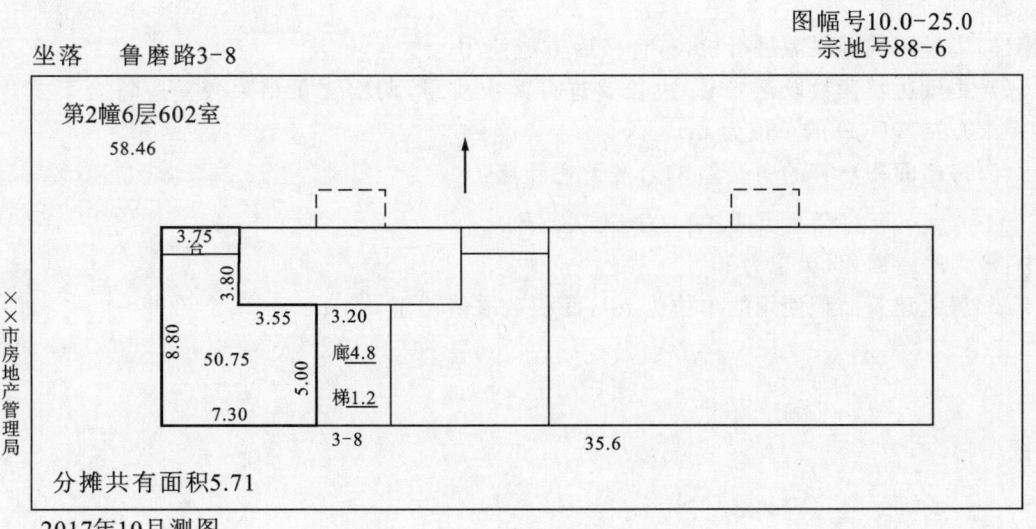

图 2-47 房屋分层分户平面图

四、实验方法与步骤

首先选定校内或校外一幢多层独立建筑物。实验小组由 4 人组成,2 人量距,1 人记录,1 人协助。

(1)沿房屋外墙勒角以上用钢尺丈量房屋的边长,每边丈量两次取其中数,如房屋的占地面积与房屋的底层建筑面积不相等,还要丈量房屋占地范围各边的边长。

(2)绘制房屋的平面示意图,并注记每个边的边长数据。

(3)用钢尺丈量房屋共有部分的边长,如有各层情况不同,要分层丈量。

(4)绘制房屋分层共有面积示意图,并计算各层的分户建筑面积和共有面积。

(5)按房屋的几何形状,利用实量数据和简单的几何公式计算房屋的建筑面积与房屋的占地面积。

(6)按同样的方法计算房屋的共有面积,并利用以下公式计算各单元的分摊面积:

各单元应分摊的共有面积＝分摊系数 K×各单元套内建筑面积

式中:K＝应分摊的共有面积/各单元套内建筑面积之和。

五、注意事项

(1)钢尺操作要做到"三清":零点清楚,尺子零点不一定在尺端,有些尺子零点前还有一段分划;读数认清,尺子读数要认清 m、cm 的注记和 mm 的分划数;尺段记清,尺段较多时,容易发生漏记。

(2)钢尺容易损坏,为维护钢尺,应做到"四不":不扭、不折、不压、不拖。用完擦干净后才可以卷入尺壳内。

(3)丈量用的钢尺需进行检校,合格后方能使用。

(4)丈量边长读数取至 cm。边长要进行两次丈量,两次丈量结果较差应符合下式规定:$\Delta D = \pm 0.04 \times D$($D$ 的单位为 m)。

(5)房屋面积测算的中误差 M_P,按下式计算:

$$M_P = \pm(0.04\sqrt{P} + 0.003P)$$

式中:P 为房屋面积,单位为 m^2。

(6)房屋建筑面积使用的单位为 m^2,面积数取值位至 $0.1m^2$。

实验十二　界址点测量

一、实验目的

掌握极坐标法、交会法、分点法测量界址点的野外操作和内业计算方法。

二、实验任务

(1)分别用极坐标法、交会法、分点法测量 5~6 个界址点坐标。
(2)制作界址点误差表。
(3)编写实习报告。

三、实验仪器设备

(1)每个小组配全站仪 1 台,棱镜 1 套,经检校的钢尺 1 副。
(2)每个小组记录板 1 块,水平角观测记录表 1 张,钢尺丈量记录表 1 张,界址点成果表 1 张。
(3)已知控制点成果表 1 份。

四、实验方法与步骤

本实习在野外进行,要求场地开阔,各小组之间尽可能不互相干扰。首先在室外埋设好控制点和界址点,也可以利用原有的控制点,界址点位置与控制点位置的关系要满足各种测量方法的图形条件。实习小组由 4~5 人组成,轮流操作和记录。

(1)根据控制点和待测界址点分布情况确定对哪些界址点采用何种方法进行测量。

(2)极坐标法。如图 2-48 所示,在一控制点上架设全站仪,测出已知方向和界址点之间的水平夹角以及测站点与界址点之间的水平距离,来确定界址点的位置(遇墙角或房角时,应考虑目标偏心问题)。

$$\alpha_{AB} = \arctan \frac{Y_B - Y_A}{X_B - X_A}$$

$$X_P = X_A + D_{AP} \times \cos(\alpha_{AB} + \beta)$$

$$Y_P = Y_A + D_{AP} \times \sin(\alpha_{AB} + \beta)$$

(3)角度交会法。如图 2-49 所示,分别在两个控制点上设站,在两个测站点上测量两个角度进行交会以确定界址点的位置。

$$X_P = \frac{X_B \times \cot\alpha + X_A \times \cot\beta + Y_B - Y_A}{\cot\alpha + \cot\beta}$$

$$Y_P = \frac{Y_B \times \cot\alpha + Y_A \times \cot\beta - X_B + X_A}{\cot\alpha + \cot\beta}$$

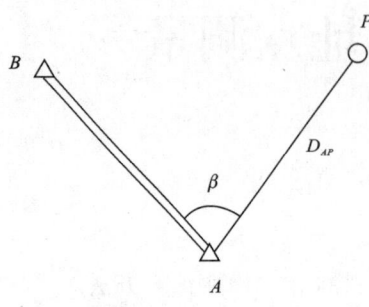 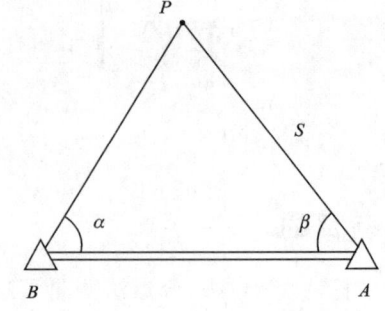

图 2-48　极坐标法图示　　　　图 2-49　角度交会法图示

(4)距离交会法。如图 2-50 所示，在两个控制点上分别量出至一界址点的距离，从而确定界址点的位置。

$$D_{AB} = \sqrt{(X_B - X_A)^2 + (Y_B - Y_A)^2}$$

$$\alpha_{AB} = \tan^{-1}\left(\frac{Y_B - Y_A}{X_B - X_A}\right)$$

$$\beta = \cos^{-1}\left(\frac{D_1^2 + D_{AB}^2 - D_2^2}{2D_1 D_{AB}}\right)$$

$$\alpha_{AP} = \alpha_{AB} + \beta$$

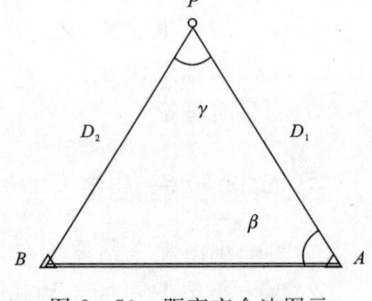

图 2-50　距离交会法图示

(5)内外分点法。如图 2-51 所示，当界址点位于两个已知点的连线上时，分别量测出两个已知点至界址点的距离，从而确定界址点的位置，分为内分点法和外分点法。

$$\begin{cases} X_P = \dfrac{X_A + \lambda X_B}{1+\lambda} \\ Y_P = \dfrac{Y_A + \lambda Y_B}{1+\lambda} \end{cases} \text{内分时 } \lambda = \dfrac{S_1}{S_2} \\ \text{外分时 } \lambda = -\dfrac{S_1}{S_2}$$

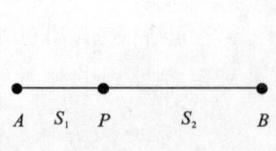 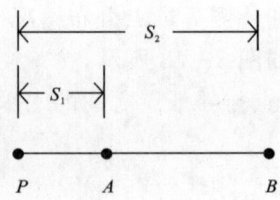

图 2-51　内外分点法图示

(6)制作界址点坐标误差表，见表 2-15 和表 2-16。

表 2-15　界址点坐标误差表

界址点号	测量坐标		检测坐标		比较结果		
	X(m)	Y(m)	X(m)	Y(m)	ΔX(m)	ΔY(m)	ΔS(m)

表 2-16　界址间距误差表

界址边号	实量边长(m)	反算边长(m)	检测边长(m)	ΔS_1(m)	ΔS_2(m)	备注

五、注意事项

（1）极坐标法测站点可以是基本控制点或图根控制点；角度交会法一般用于测站上能看见界址点的位置，但无法测量出测站点至界址点的距离的情况；内外分点法只能用于界址点位于已知点的连线上的情况。

（2）当采用角度交会法时，交会角应在 30°～150°的范围内。采用距离交会法时，交会角亦应在 30°～150°的范围内，并且界址点在已知点连线的投影位置要在两已知点之间。

（3）界址点相对于邻近控制点的点位中误差不应超过±10cm。

（4）对界址点坐标计算，每个人必须单独完成，计算过程随其他资料一同上交。

实验十三　CASS 数字成图软件认识与使用

一、目的与要求

(1)熟悉 CASS 软件的基本功能。
(2)掌握 CASS 软件成图的原理和方法。
(3)会使用 CASS 软件正确绘制地形图。

二、仪器和工具

电子计算机 1 台。

三、实验内容

CASS 软件的认识和使用。

四、实验方法与步骤

基于 CASS8.0(也称 CASS2008)软件,通过一个实例操作学习,让学习者快速掌握制作一幅简单地形图的流程。

CASS8.0 的成图模式有多种,本例主要以"点号定位"成图模式进行介绍。本例图的路径为 D:\Projects\Data.data(学习者可以 CASS8.0 自带的 demo 文件下的 study.dwg 数据为例进行练习,以安装在 C:盘为例,其相应 demo 数据的路径为 C:\cass8.0\demo\study.dwg)(图 2-52)。

1. 定显示区

定显示区就是通过坐标数据文件中的最大、最小坐标定出屏幕窗口的显示范围。

进入 CASS8.0 主界面,鼠标单击"绘图处理"项,即出现如图 2-53 所示的下拉菜单。然后将鼠标移至"定显示区"项,使之以高亮显示,按鼠标左键,即出现一个如图 2-54 所示的对话框。这时,需要输入坐标数据文件名。找到相应.dat 文件后对其单击,再移动鼠标至"打开(O)",按鼠标左键;或者直接通过键盘输入:在"文件名(N):"(即光标闪烁处)输入 D:\Projects\Data.dat,再移动鼠标至"打开(O)"处,按鼠标左键。此时,命令区显示:

最小坐标(米):$X=466.671,Y=1840.413$
最大坐标(米):$X=661.673,Y=1997.541$

第二篇　课间实习

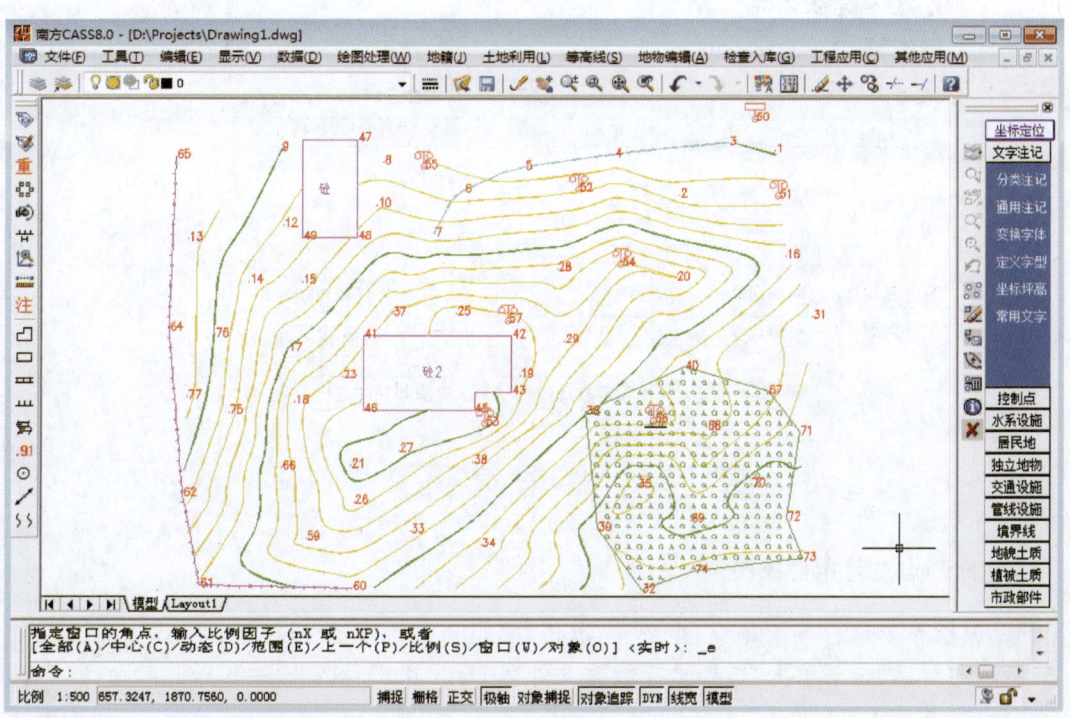

图 2-52　本例 Drawing1.dwg

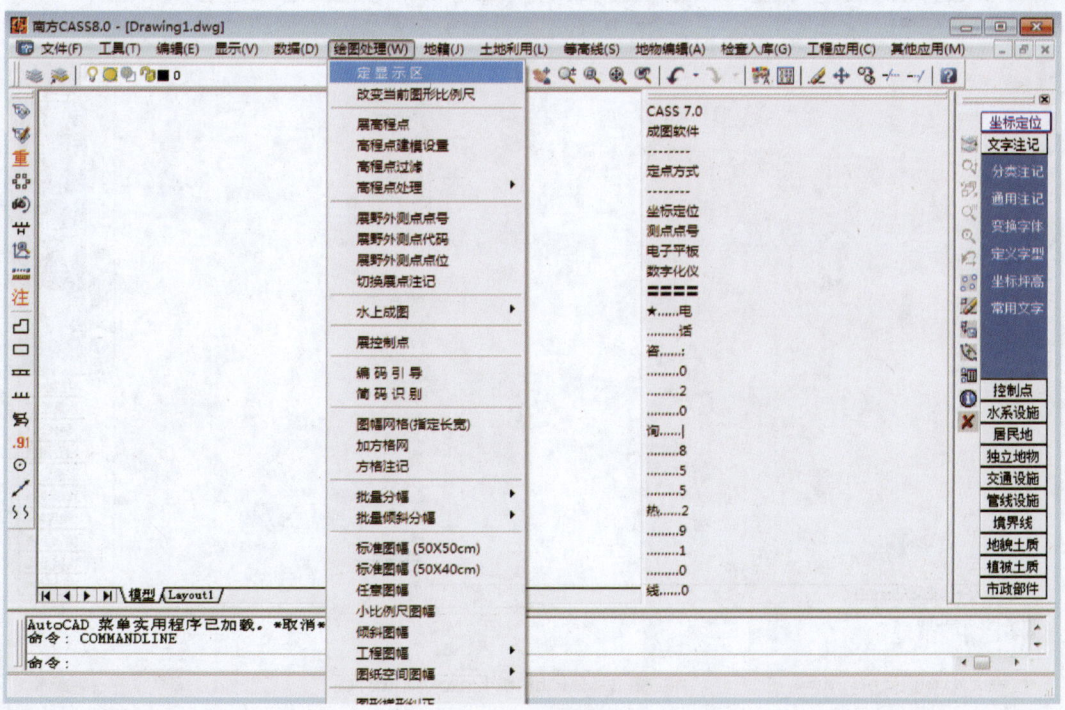

图 2-53　定显示区

图 2-54 选择"定显示区"的对话框

2. 选择测点点号定位成图法

移动鼠标至屏幕右侧菜单区之"坐标定位/测点点号"项,然后按鼠标左键,即出现如图 2-55 所示的对话框,再单击"选择坐标数据文件名 Data.dat"后(图 2-56),此时命令区提示:"读点完成!共读入 70 个点"。

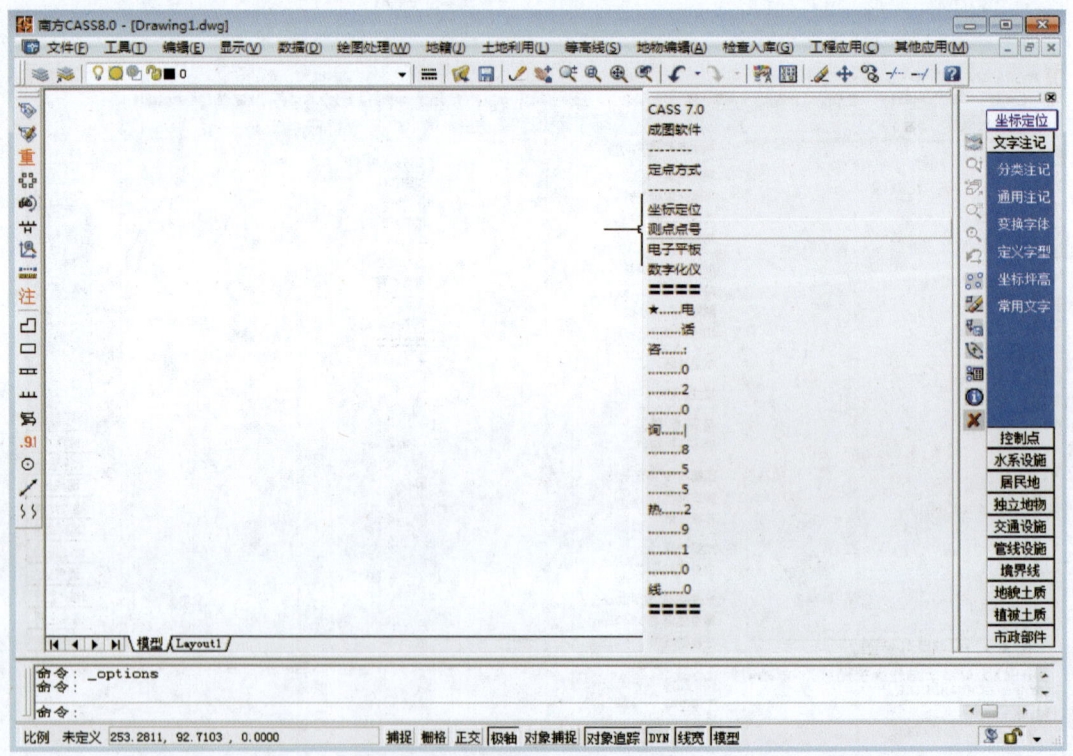

图 2-55 选择"测点点号"项

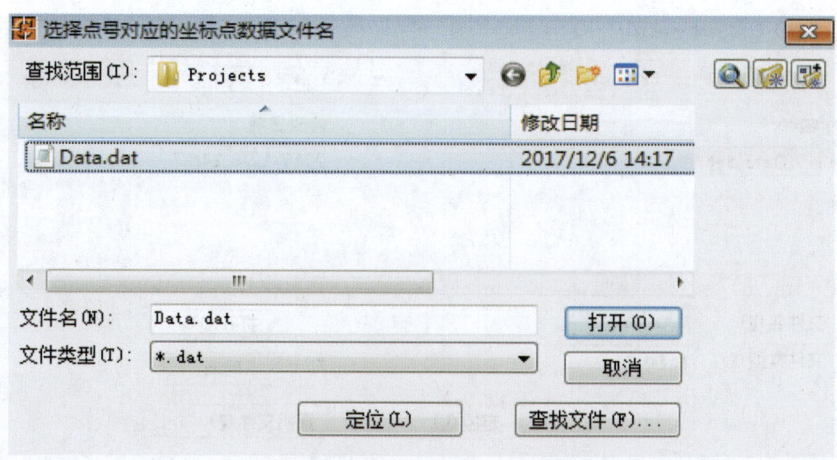

图 2-56 选择"点号定位"数据文件

3. 展点

点击屏幕顶部菜单"绘图处理"项,此时系统会出现一个下拉菜单。鼠标单击"展野外测点点号"项,如图 2-57 所示,单击鼠标左键后,便出现如图 2-58 所示的对话框,再单击"选择坐标数据文件名 Data.dat"后,得到如图 2-59 所示的展点图。

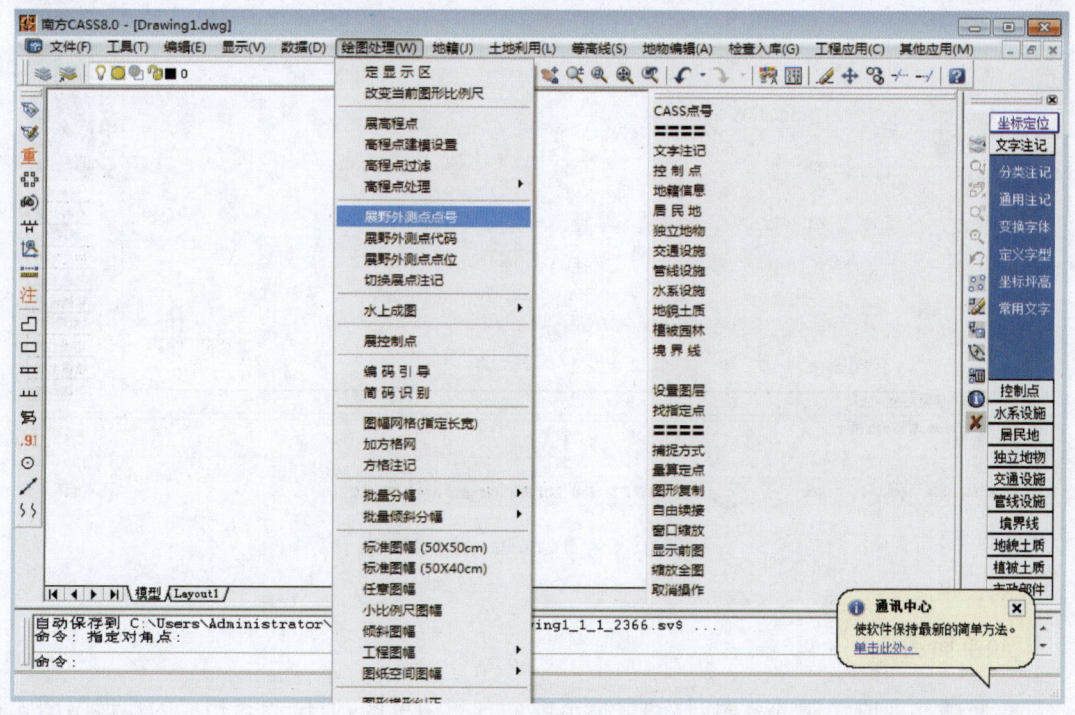

图 2-57 选择"展野外测点点号"

图 2-58 "展野外测点点号"的对话框

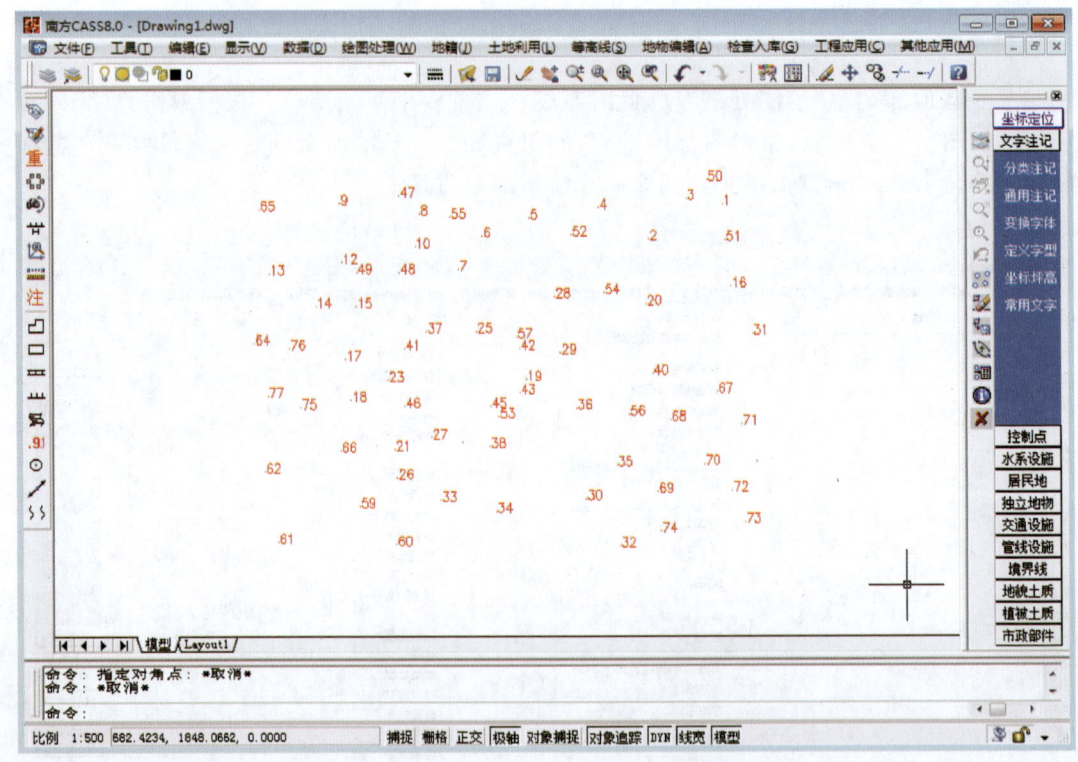

图 2-59 Data.dat 展点图

4. 绘平面图

根据野外作业时绘制的草图,移动鼠标至屏幕右侧菜单区,通过选择相应的地形图图式符号,然后在屏幕中将所有的地物绘制出来。绘制地物时,可使用工具栏中的缩放工具对屏幕中的目标区域进行局部缩放;或者将光标移至目标区域后,通过滚动鼠标滚轮对局部区域进行缩放,这样有利于后面的编图。

1)绘制一条小路

首先,将目标区域按照前述方法进行放大,选择右侧屏幕菜单的"交通设施"按钮,再依次选择"乡村道路"弹出如图 2-60 所示的界面。

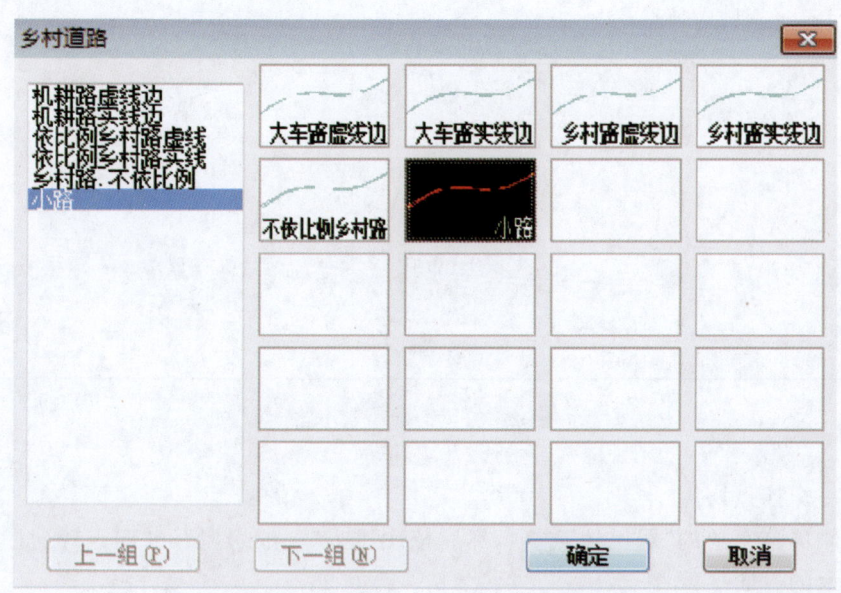

图 2-60 "交通设施/乡村道路"图层图例

找到"小路"并选中,图标变亮表示该图标已被选中,再点击"确定",此时命令区提示:

鼠标定点 P/<点号>输入 3,回车。

曲线 Q/边长交会 B/跟踪 T/区间跟踪 N/垂直距离 Z/平行线 X/两边距离 L/点 P/<点号>输入 4,回车。

曲线 Q/边长交会 B/跟踪 T/区间跟踪 N/垂直距离 Z/平行线 X/两边距离 L/隔一点 J/微导线 A/延伸 E/插点 I/回退 U/换向 H 点 P/<点号>输入 5,回车。

曲线 Q/边长交会 B/跟踪 T/区间跟踪 N/垂直距离 Z/平行线 X/两边距离 L/闭合 C/隔一闭合 G/隔一点 J/微导线 A/延伸 E/插点 I/回退 U/换向 H 点 P/<点号>输入 6,回车。

曲线 Q/边长交会 B/跟踪 T/区间跟踪 N/垂直距离 Z/平行线 X/两边距离 L/闭合 C/隔一闭合 G/隔一点 J/微导线 A/延伸 E/插点 I/回退 U/换向 H 点 P/<点号>输入 7,回车。

曲线 Q/边长交会 B/跟踪 T/区间跟踪 N/垂直距离 Z/平行线 X/两边距离 L/闭合 C/隔一闭合 G/隔一点 J/微导线 A/延伸 E/插点 I/回退 U/换向 H 点 P/<点号>回车。

拟合线<N>? 输入 Y,回车。

此时小路就绘制好了,如图 2-61 所示。

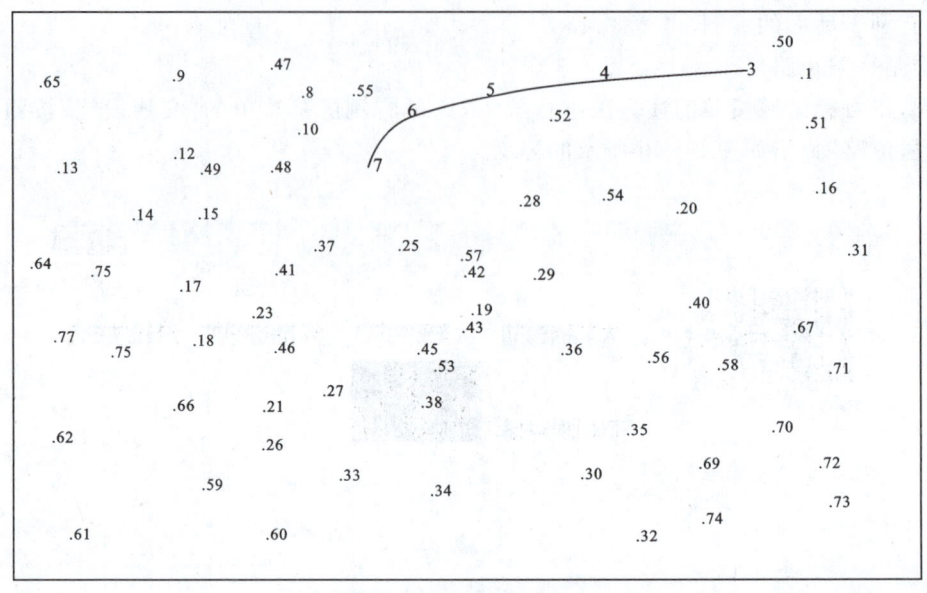

图 2-61 绘制一条小路

2) 绘制一个四点房屋

选择右侧屏幕菜单的"居民地"选项,然后依次进入"一般房屋"→"四点砼房屋"后,弹出如图 2-62 所示的界面。

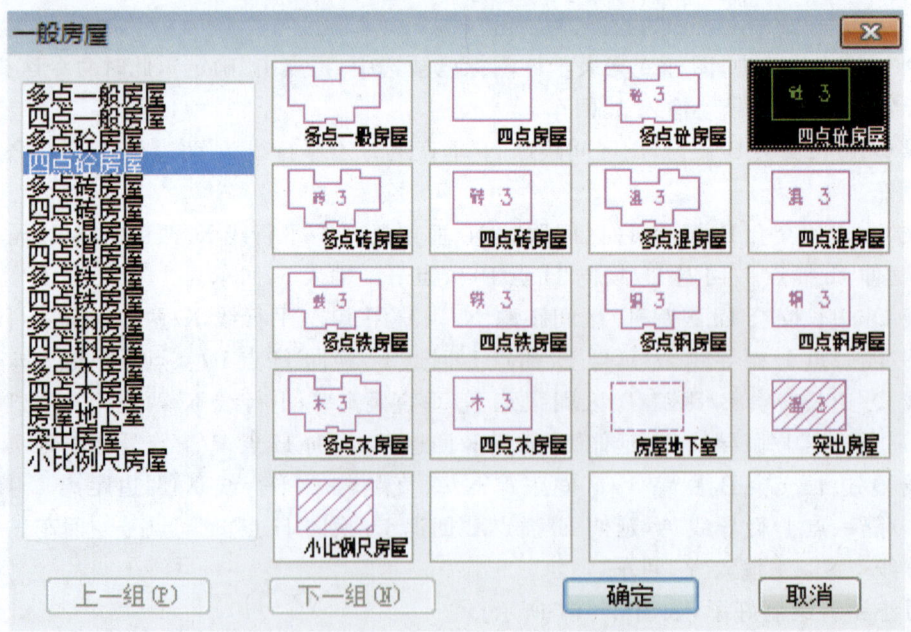

图 2-62 "居民地/一般房屋"图层图例

先用鼠标左键选择"四点砼房屋",图标变亮表示该图标已被选中,再点击"确定"按钮。命令区提示:

1. 已知三点/2. 已知两点及宽度/3. 已知四点<1>:输入 1,回车。

第一点:

鼠标定点 P/<点号>输入 47,回车。

第二点:

鼠标定点 P/<点号>输入 48,回车。

第三点:

鼠标定点 P/<点号>输入 49,回车。

输入层数:<1>输入 1,然后回车(默认是 1 层)。

这样,即将 47、48、49 号点连成一间普通房屋。

注意:绘房子时,输入的点号必须按顺时针或逆时针的顺序输入,如上例的点号按 47、48、49 或 49、48、47 的顺序输入,否则绘出来房子就不对。

3)绘制一个多点房屋

选择右侧屏幕菜单的"居民地/一般房屋"选项,弹出如图 2-62 所示的界面。

先用鼠标左键选择"多点砼房屋",再点击"确定"按钮。命令区提示:

第一点:

点 P/<点号>输入 41,回车。

闭合 C/隔一闭合 G/隔一点 J/微导线 A/曲线 Q/边长交会 B/回退 U/点 P/<点号>输入 42,回车。

闭合 C/隔一闭合 G/隔一点 J/微导线 A/曲线 Q/边长交会 B/回退 U/点 P/<点号>输入 43,回车。

闭合 C/隔一闭合 G/隔一点 J/微导线 A/曲线 Q/边长交会 B/回退 U/点 P/<点号>输入 J,回车。

点 P/<点号>输入 45,回车。

闭合 C/隔一闭合 G/隔一点 J/微导线 A/曲线 Q/边长交会 B/回退 U/点 P/<点号>输入 46,回车。

闭合 C/隔一闭合 G/隔一点 J/微导线 A/曲线 Q/边长交会 B/回退 U/点 P/<点号>输入 C,回车。

输入层数:<1>输入 2,回车。

这样,即将 41、42、43、45、46 号点连成一间多点房屋。

说明:选择"多点砼房屋"后自动读取地物编码,用户不必逐个记忆。从第三点起弹出许多选项,这里以"隔一点"功能为例,输入 J,输入一点后系统自动算出一点,使该点与前一点及输入点的连线构成直角。输入 C 时,表示闭合。

两栋房子和小路绘制好后,效果如图 2-63 所示。

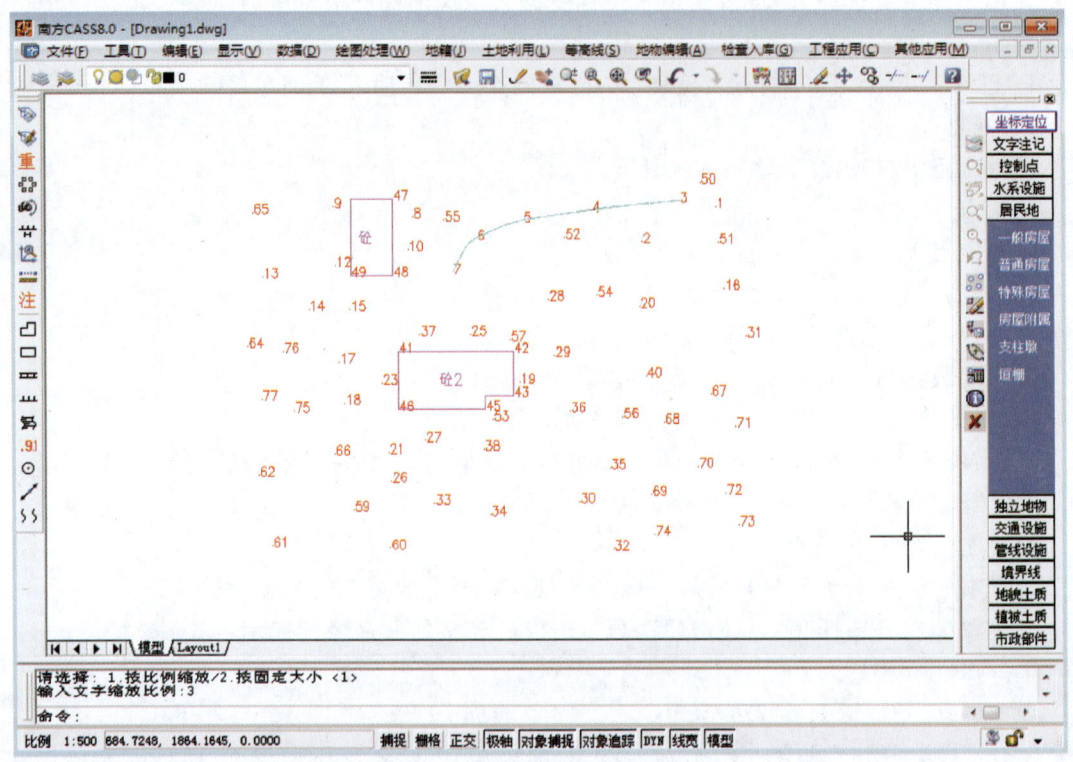

图 2-63 加绘房屋后的平面图

4)绘制独立地物

(1)例如绘制地物——单柱宣传橱窗。

选择右侧屏幕菜单的"独立地物/其他设施"选项,弹出如图 2-64 所示的界面。点击"单柱宣传橱窗",再点击"确定"按钮,此时命令区提示:鼠标定点 P/<点号>,输入 50,回车,完成单柱宣传橱窗绘制。

(2)例如绘制地物——路灯。

选择右侧屏幕菜单的"独立地物/其他设施"选项,弹出如图 2-65 所示的界面。点击"路灯",再点击"确定"按钮,此时命令区提示:鼠标定点 P/<点号>,输入 50,回车,完成路灯绘制。类似的,分别对输入的 52、53、…、57 号点进行上述操作,即可完成其他路灯的绘制。

(3)例如绘制地物——栅栏。

选择右侧屏幕菜单的"居民地/垣栅"选项,弹出如图 2-66 所示的界面。点击"栅栏栏杆",再点击"确定"按钮,此时命令区提示:

第一点:

鼠标定点 P/<点号>输入 60,回车。

曲线 Q/边长交会 B/跟踪 T/区间跟踪 N/垂直距离 Z/平行线 X/两边距离 L/点 P/<点号>输入 61,回车。

曲线 Q/边长交会 B/跟踪 T/区间跟踪 N/垂直距离 Z/平行线 X/两边距离 L/隔一点 J/微导线 A/延伸 E/插点 I/回退 U/换向 H 点 P/<点号>输入 62,回车。

曲线 Q/边长交会 B/跟踪 T/区间跟踪 N/垂直距离 Z/平行线 X/两边距离 L/闭合 C/隔一闭合 G/隔一点 J/微导线 A/延伸 E/插点 I/回退 U/换向 H 点 P/＜点号＞输入 64,回车。

曲线 Q/边长交会 B/跟踪 T/区间跟踪 N/垂直距离 Z/平行线 X/两边距离 L/闭合 C/隔一闭合 G/隔一点 J/微导线 A/延伸 E/插点 I/回退 U/换向 H 点 P/＜点号＞输入 65,回车。

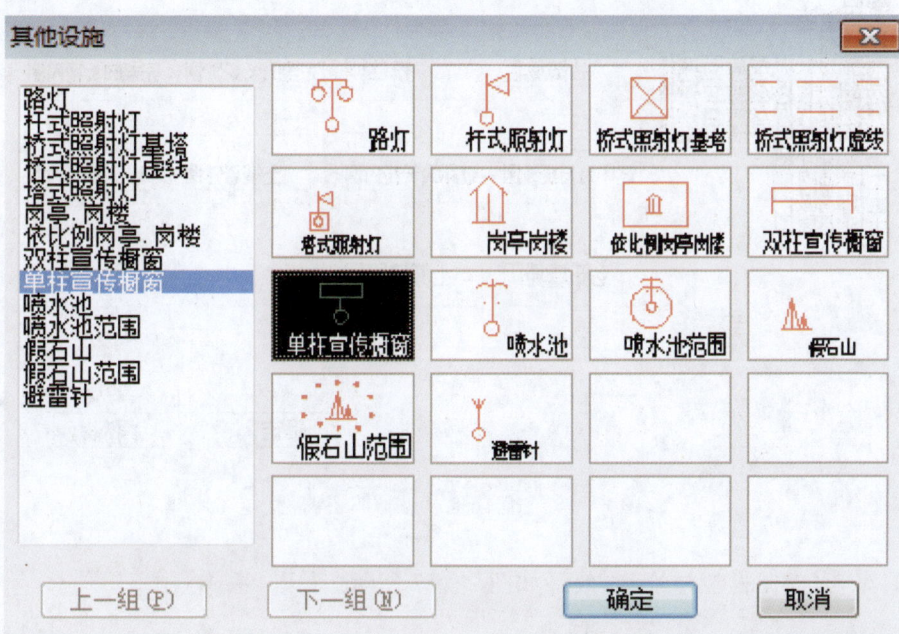

图 2-64 "独立地物/其他设施"图层图例

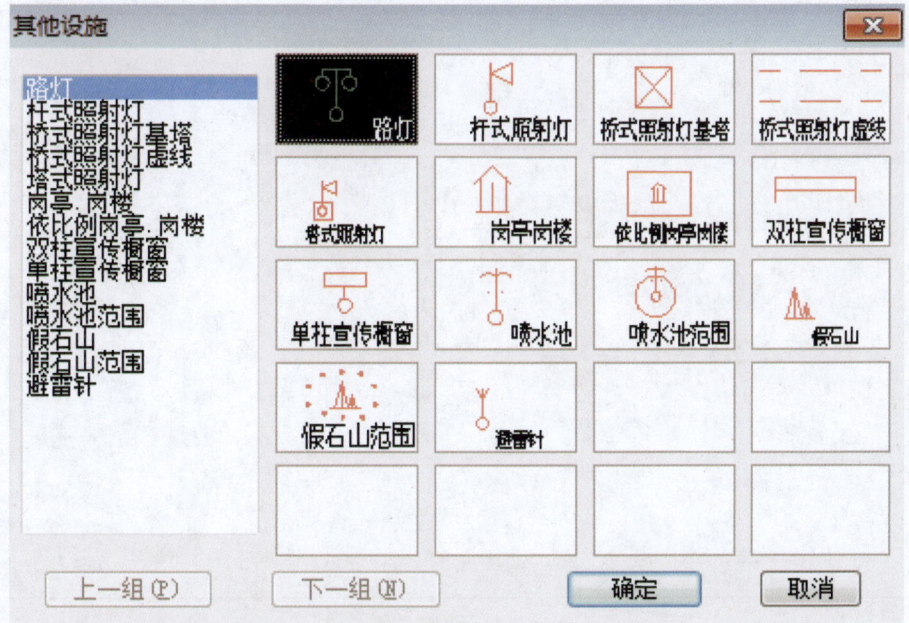

图 2-65 "独立地物/其他设施"图层图例

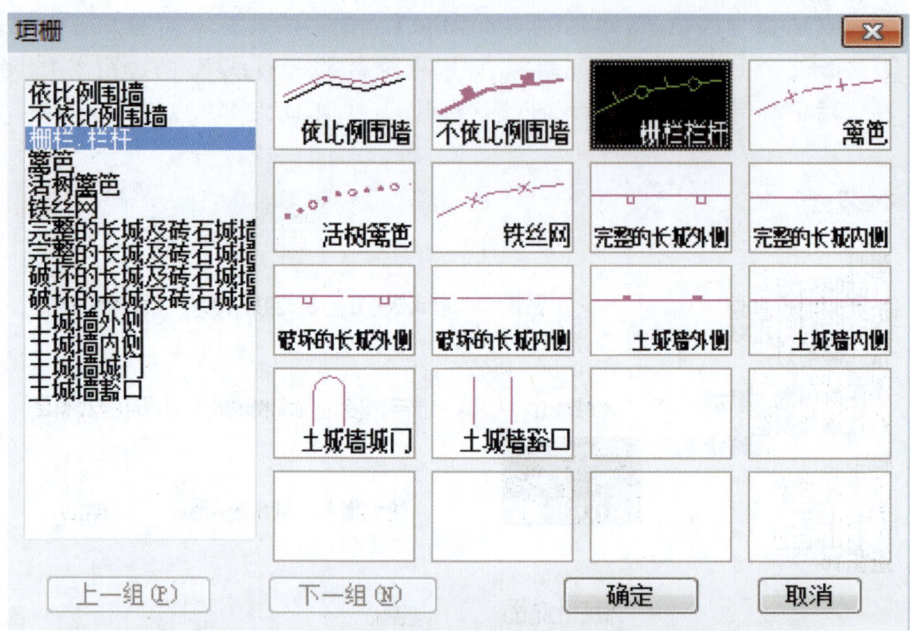

图 2-66 "居民地/垣栅"图层图例

最后回车,完成栅栏栏杆绘制,效果如图 2-67 所示。

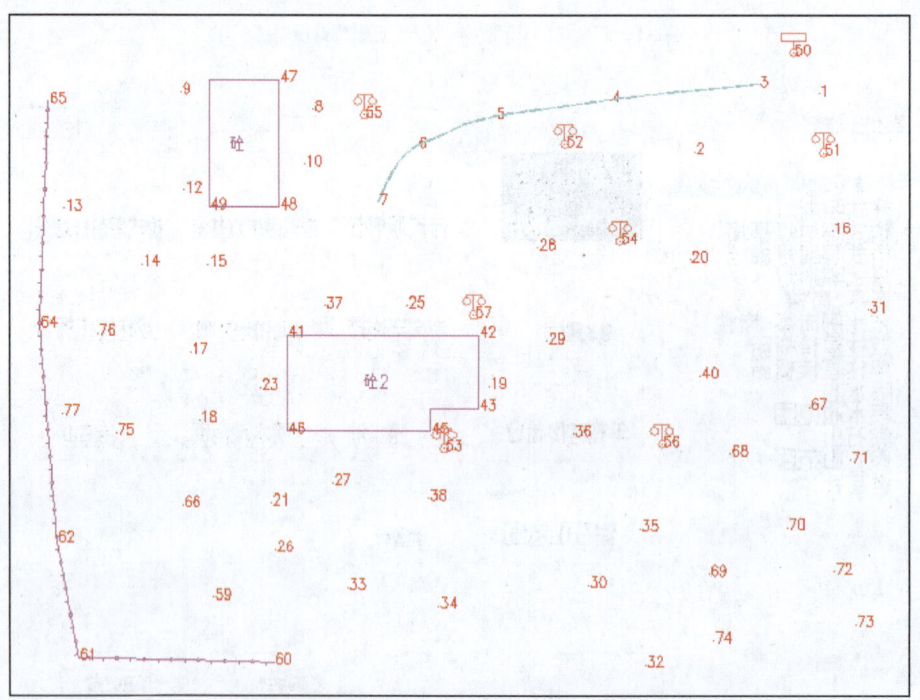

图 2-67 加绘独立地物、栅栏栏杆的平面图

(4)例如绘制地物——植被。
选择右侧屏幕菜单的"植被土质/林地"选项,弹出如图2-68所示的界面。点击"针阔混交林",再点击"确定"按钮,然后命令区提示:

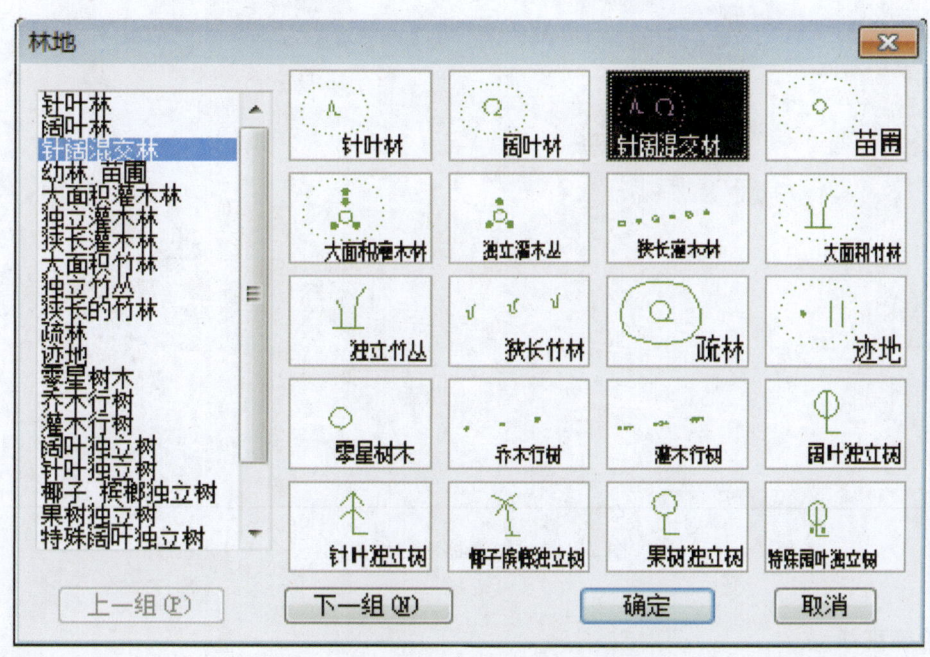

图2-68 "植被土质/林地"图层图例

请选择:①绘制区域边界②绘出单个符号③查找封闭区域<1>输入1,回车。
第一点:
鼠标定点 P/<点号>输入 30,回车。
曲线 Q/边长交会 B/跟踪 T/区间跟踪 N/垂直距离 Z/平行线 X/两边距离 L/点 P/<点号>输入 32,回车。
曲线 Q/边长交会 B/跟踪 T/区间跟踪 N/垂直距离 Z/平行线 X/两边距离 L/隔一点 J/微导线 A/延伸 E/插点 I/回退 U/换向 H 点 P/<点号>输入 74,回车。
曲线 Q/边长交会 B/跟踪 T/区间跟踪 N/垂直距离 Z/平行线 X/两边距离 L/闭合 C/隔一闭合 G/隔一点 J/微导线 A/延伸 E/插点 I/回退 U/换向 H 点 P/<点号>输入 73,回车。
类似的,分别输入 72、71、67、40、36 号点,回车。
输入 C,回车,区域边界闭合。
拟合线<N>? 输入 N,回车。
命令区会再次提示:
①保留边界②不保留边界<1>输入 1,回车,即可完成绘制。效果如图 2-69 所示。

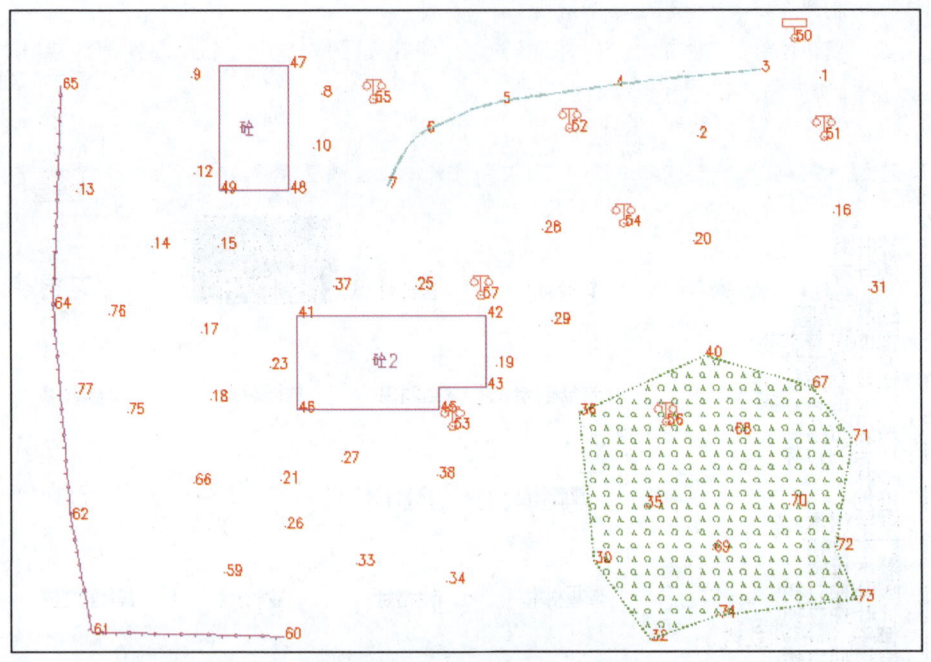

图 2-69 加绘林地的平面图

5. 绘等高线

展高程点：用鼠标左键点取"绘图处理"菜单下的"展高程点"，将会弹出数据文件的对话框，找到 D:\Projects\Data.dat，选择"确定"，命令区提示：注记高程点的距离（米），直接回车，表示不对高程点注记进行取舍，全部展出来。

建立 DTM 模型：用鼠标左键点取"等高线"菜单下"建立 DTM"，弹出如图 2-70 所示的对话框。

图 2-70 建立 DTM 对话框

根据需要选择建立 DTM 的方式和坐标数据文件名,然后选择建模过程是否考虑陡坎和地性线,选择"确定",生成如图 2-71 所示的 DTM 模型。

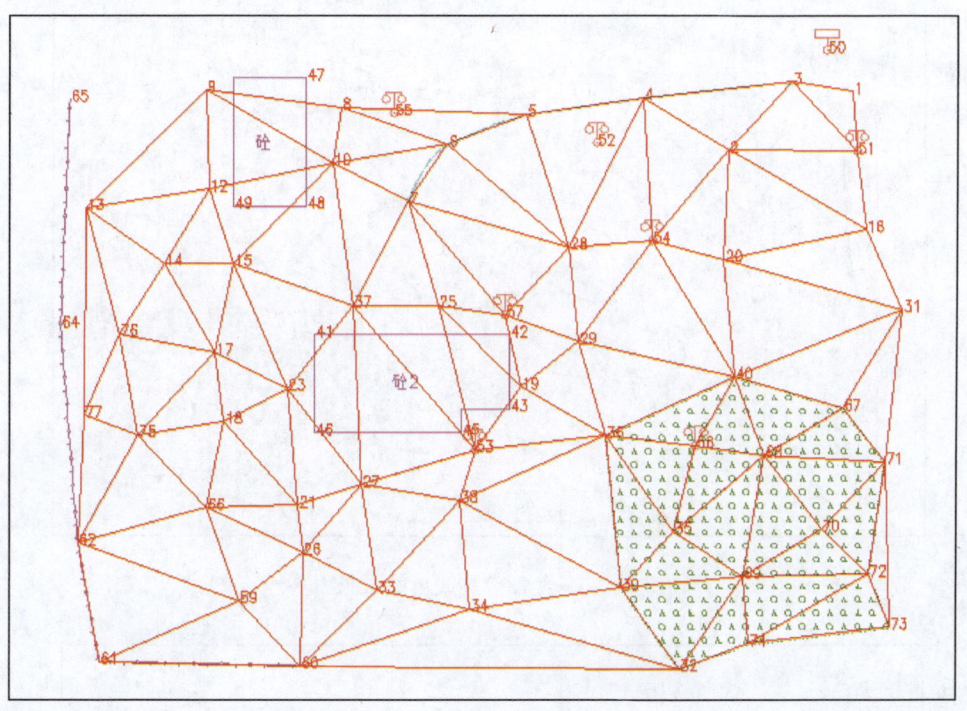

图 2-71 建立三角网结果

绘等高线:用鼠标左键点取"等高线/绘制等高线",弹出如图 2-72 所示的对话框。

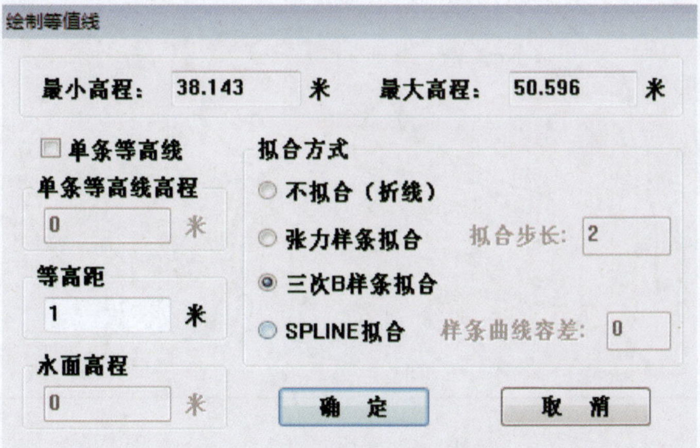

图 2-72 绘制等高线对话框

输入等高距后选择拟合方式后"确定"。则系统马上绘制出等高线(图 2-73)。再选择"等高线"菜单下的"删三角网",这时屏幕显示如图 2-74 所示。

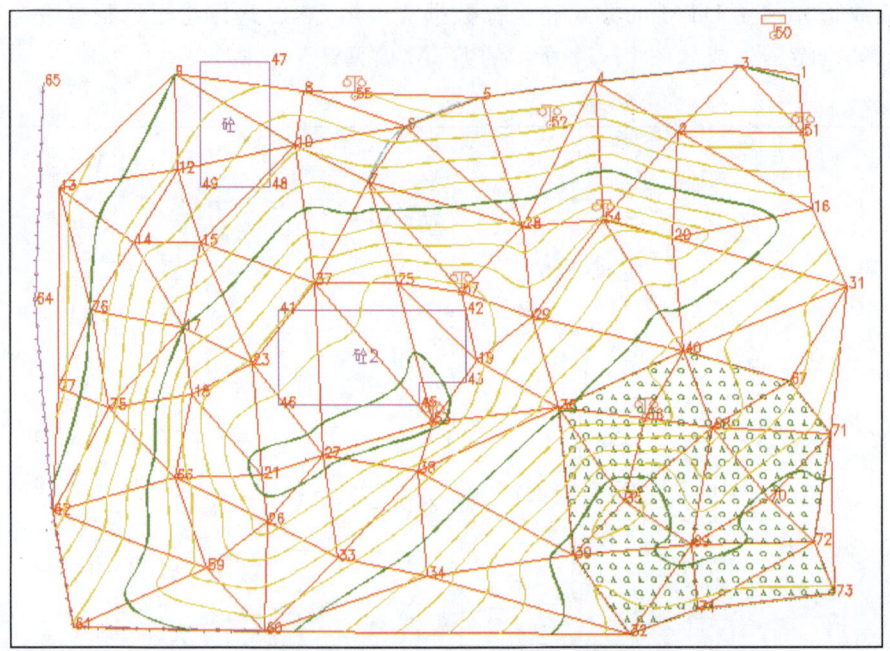

图 2-73 绘制等高线后的效果图

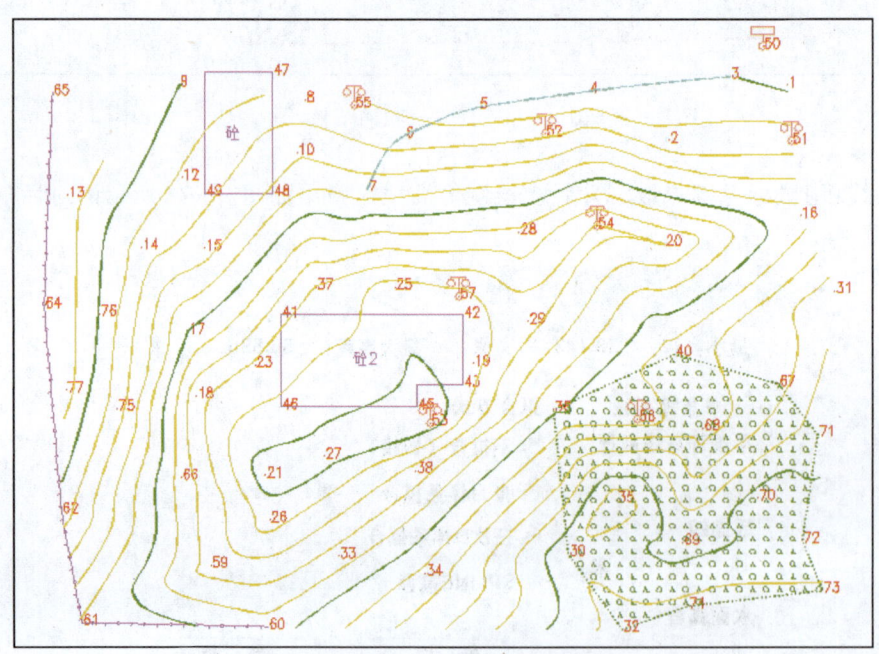

图 2-74 绘制等高线

等高线的修剪。利用"等高线"菜单下的"等高线修剪"二级菜单,再点击"批量修剪等高线"选项,然后回弹出如图 2-75 所示的窗口。设置后,单击"确定",完成修剪。最终效果如图 2-76 所示。

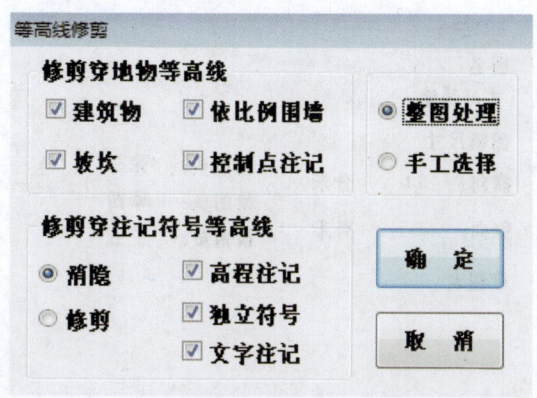

图 2-75 "等高线修剪"菜单

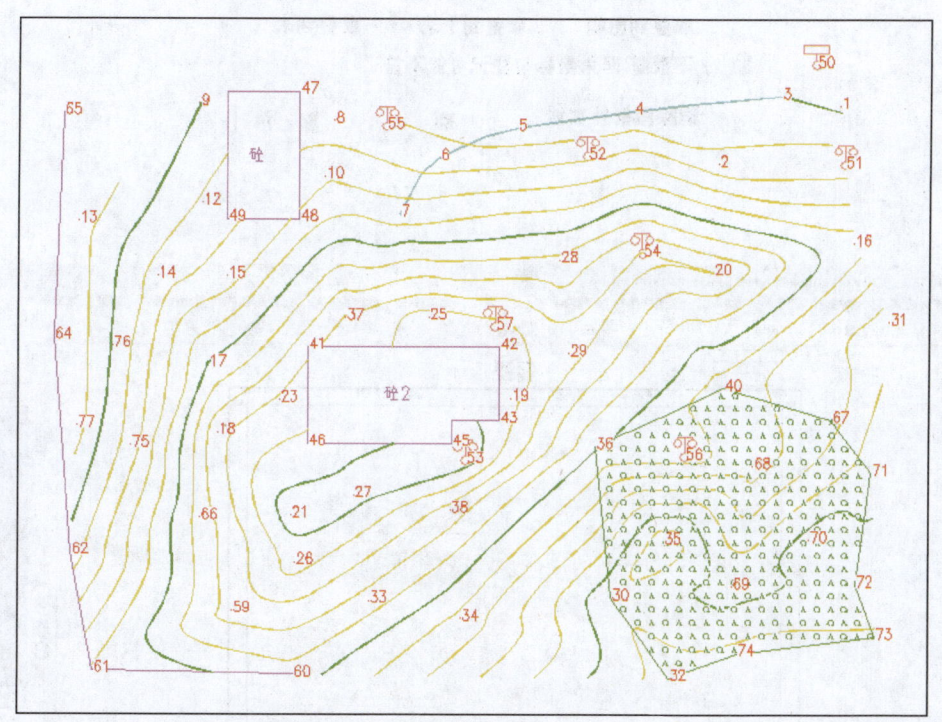

图 2-76 "等高线修剪"效果图

6. 加图框

用鼠标左键点击"绘图处理"菜单下的"任意图幅",弹出如图 2-77 所示的界面。可根据相关具体要求进行设置,如输入图名、测量员等信息。

在"图名"栏里,输入"实习基地";在"测量员""绘图员""检查员"各栏里分别输入"张三""李四""王五";在"左下角坐标"的"东""北"栏内分别输入"475""1805";勾选"取整到米";在"删除图框外实体"栏前打钩,然后按"确认"。这样图幅就作好了,如图 2-78 所示。

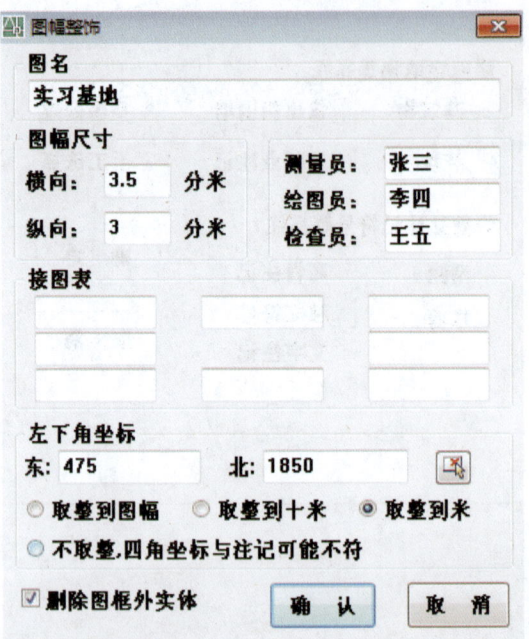

图 2-77 输入图幅信息

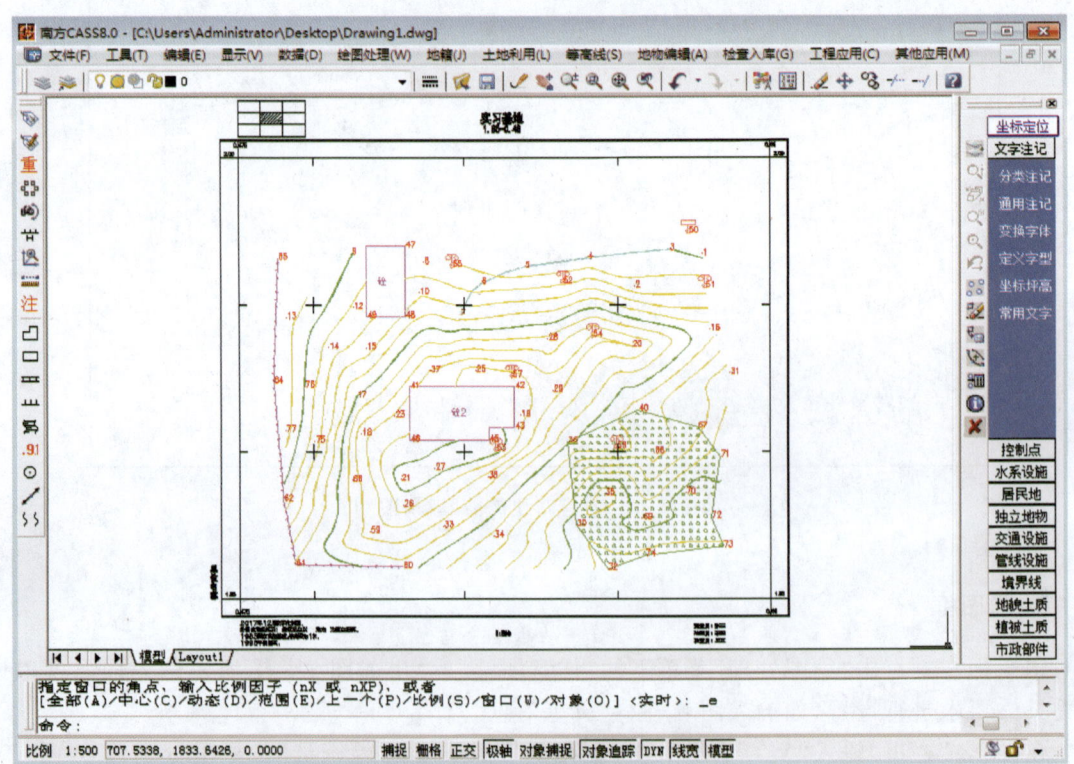

图 2-78 加图框

另外,可以将图框左下角的图幅信息更改成符合需要的字样,还可以将图框和图章用户化。

7. 绘图输出

用鼠标左键点取"文件"菜单下的"绘图输出"下的二级菜单,选择"页面设置",弹出如图2-79所示的窗口。

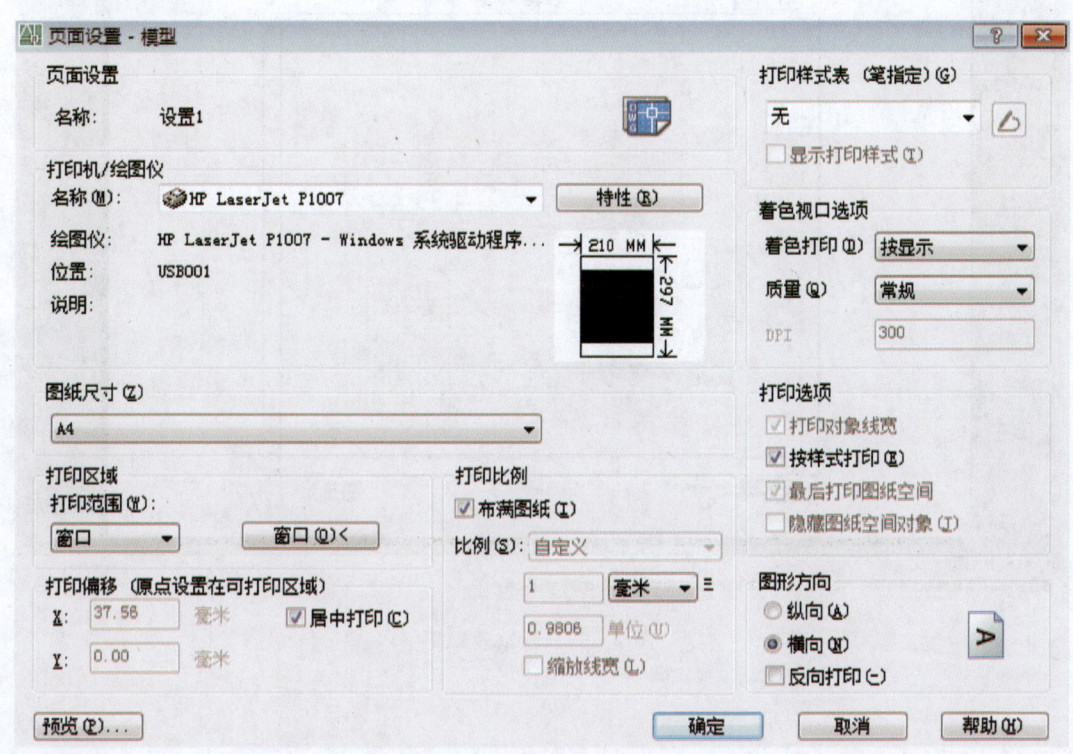

图 2-79 页面设置窗口

选好图纸尺寸、图纸方向、打印比例等之后,在"打印范围"处用鼠标选择"窗口"选项,用鼠标圈定绘图范围。通过点击"预览"可以查看出图效果,满意后就可单击"确定"按钮进行绘图了。最后效果如图 2-80 所示。

按照上面的提示操作,就可以看到一份制作好的地形图了。

五、注意事项

制作完毕后,要存盘(在操作过程中也要不断地进行存盘,以防操作不慎导致数据丢失)。在制图时,最好不要把数据文件或图形保存在 CASS8.0 或其子目录下,应该创建工作目录。比如在 D 盘根目录下创建 Projects 目录存放数据文件,在 C 盘根目录下创建 DWG 目录存放图形文件。

在执行各项命令时,每一步都要注意下面命令区的提示,当出现"命令:"提示时,要求输入新的命令,出现"选择对象:"提示时,要求选择对象,等等。当一个命令没执行完时最好不要执行另一个命令,若要强行终止,可按键盘左上角的"Esc"键或按"Ctrl"的同时按下"C"键,直到出现"命令:"提示为止。

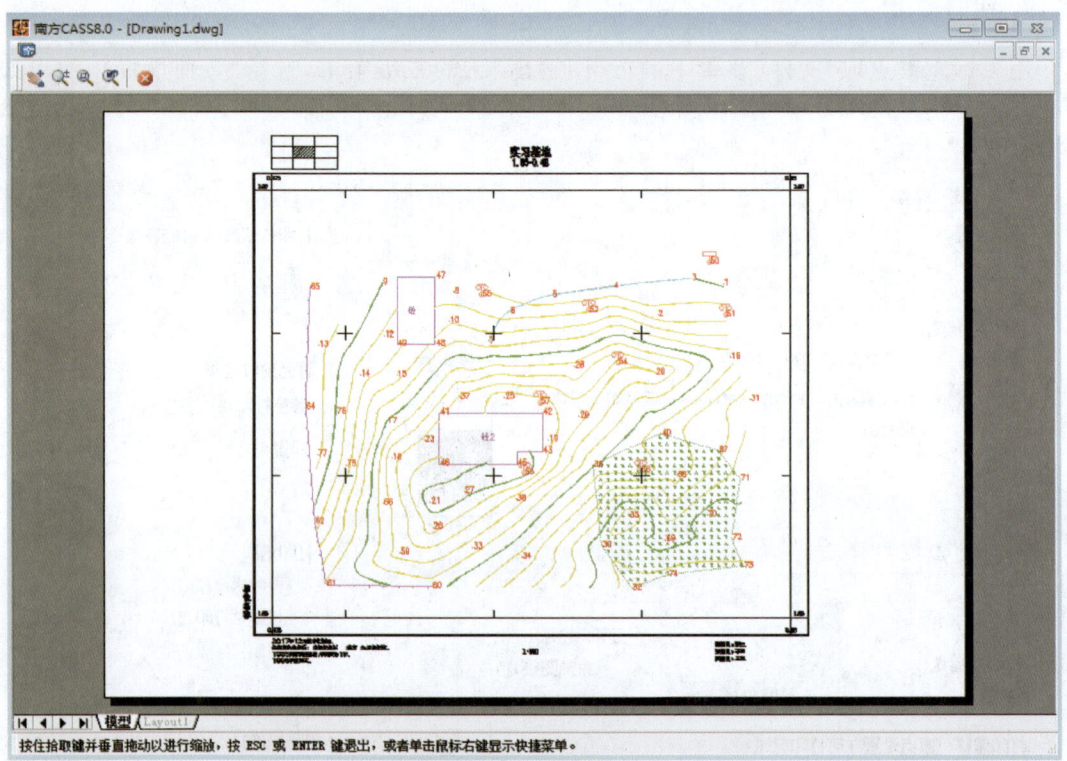

图 2-80 预览效果图

第三篇　野外测量综合实习

实习一 全站仪配小平板测图

一、实习目的与要求

（1）测量学是一门技术基础课，又是一门技术性很强的学科。虽然同学们接受了课堂上的理论学习，但所学知识是分散的、零星的和不牢固的，为了把所学的知识系统化，并在已学的基础上有所巩固、有所提高，使理论紧密联系实际，特安排全站仪测绘地形图的实习。

（2）要求每位同学，对每一个实习环节要心中有数，会测、会算、会绘，掌握坐标、高程的计算及控制点的展绘。每个环节均有自己合格的成果。

（3）实习小组，以 3～4 人为一小组。每小组选组长一人，负责全组工作。

二、实习任务

每小组完成等高距 $h=0.5m$，面积为 100m×100m，比例尺为 1∶500 的地形图测绘任务。

三、实习地点

本次实习地点位于中国地质大学（武汉）校园北区野外训练拓展基地，地面控制点示意图如图 3-1 所示，控制点坐标见表 3-1。

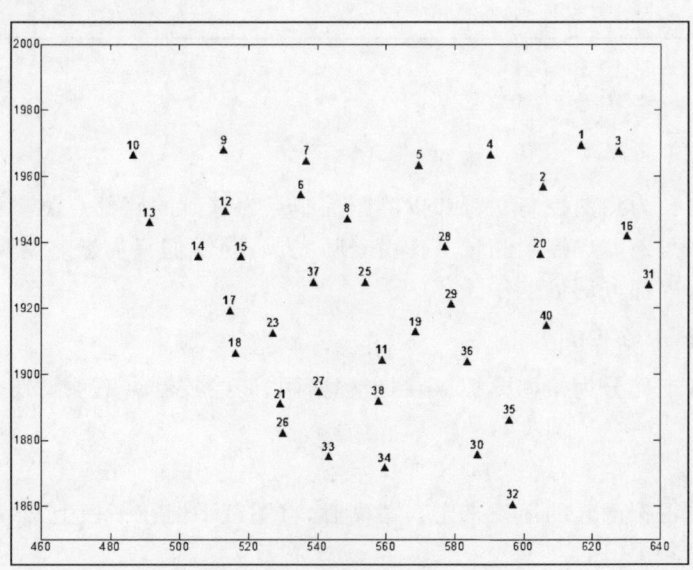

图 3-1 控制点点位略图

表 3-1 南望山控制点坐标

点号	X(m)	Y(m)	H(m)	点号	X(m)	Y(m)	H(m)
1	1969.148	616.986	40.036	20	1936.23	604.7888	48.0236
2	1956.516	605.637	41.343	21	1890.736	529.1628	50.5959
3	1967.368	627.833	39.821	23	1912.361	527.1821	48.1648
4	1966.298	590.483	40.106	25	1927.755	553.8917	49.6077
5	1963.2	569.701	40.181	26	1881.973	529.9608	49.4743
6	1954.153	535.2653	42.9051	27	1894.511	540.4277	50.4868
7	1964.497	536.816	41.4783	28	1938.55	577.3005	46.2331
8	1947.058	548.6229	43.4475	29	1921.032	579.0145	48.4401
9	1967.713	512.8248	39.9789	30	1875.351	586.5532	39.1417
10	1966.155	486.6708	36.249	31	1926.939	636.7916	41.408
11	1904.166	559.0146	50.5766	32	1860.413	596.8452	38.51
12	1949.234	513.3406	41.1359	33	1874.866	543.1505	46.549
13	1945.788	491.2164	38.5512	34	1871.452	559.6586	43.7185
14	1935.473	505.3347	41.4897	35	1885.896	595.8541	38.1433
15	1935.419	517.7325	42.5161	36	1903.663	583.7622	45.1647
16	1941.674	630.2839	44.5233	37	1927.657	538.8822	48.0902
17	1918.997	514.399	45.0439	38	1891.697	557.7987	47.5892
18	1906.23	516.0616	47.8133	40	1914.543	606.718	43.4646
19	1912.674	568.5974	49.3296				

四、实习内容

测绘地形图可分为测图控制测量和以测图控制点为基础的碎部点测量两个过程。因本次实习内容多、时间短,地面点控制测量工作由老师完成,同学们只需要在老师建立好的地面控制点的基础上进行碎部点测量工作。

(一)测图控制点的展绘

测图前的准备工作分为裱糊图板、绘制坐标格网、展绘控制点三项工作。

1. 裱糊图板

图纸的大小应根据测区的面积来定。裱糊时,将图纸平铺在平板上,然后用胶布粘在图纸四周,即成测图板。

2. 绘制坐标格网

为了准确地展绘图根点(测图控制点),要求先将图纸绘制成 10cm×10cm 的坐标格网。常用画对角线的方法来绘制坐标格网,其步骤如下:

(1)先在图纸上用铅笔(硬度为 3～4H)轻轻画出两条对角线。

(2)以对角线交点为圆心,用两脚规以略大于图廓对角线(测图面积所围成的图廓线,如图廓线为 20cm,则对角线长度为 $20\sqrt{2}$)长一半为半径,画圆弧与对角线相交于 A、B、C、D 四点,连接这四点即成一矩形。

(3)在 AB 和 DC 边上,分别从 A 点和 D 点开始向 B 点和 C 点方向每隔 10cm 量取所需分点。

(4)同(3),从 A 点和 B 点开始向右每隔 10cm 量取所需分点,将上下两边和左右两边相对应的分点一一连接起来,即成坐标格网。注意,由 A、B、C、D 四点连接成的矩形,其边的长度不一定是 10cm 的整倍数,因此,分点不一定正好落在矩形的顶点上,分点可能落在矩形内,也可能在落矩形外,如图 3-2(a)所示。

(5)精度要求:各格网顶点应位于一直线上,各边长应相等,其差值不得大于图上长度 0.2mm。

(6)在纵横坐标线上注以相应的坐标值,即成坐标格网。

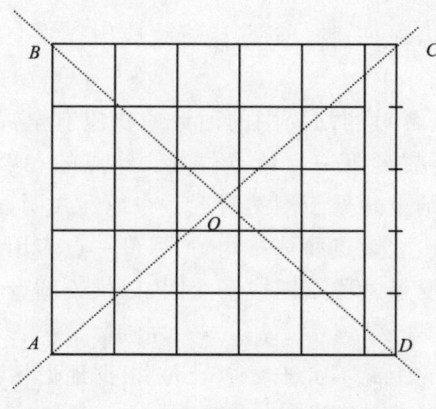

图 3-2(a)　对角线法绘制坐标格网

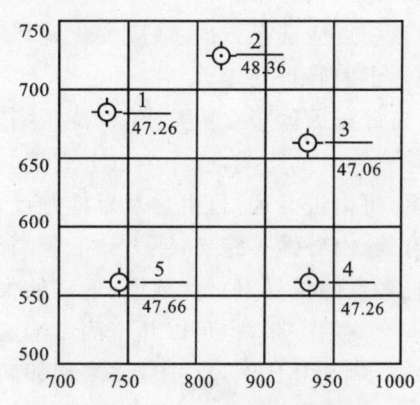

图 3-2(b)　控制点展绘

3. 展绘控制点

(1)坐标格网画好后,根据控制点的坐标值,先确定所在方格,然后计算出控制点相对方格的坐标差数 Δx、Δy,按比例在方格的相对边上截取与坐标差数相等的距离。最后将对应点连接,相交点即为该控制点在图上的位置。

(2)精度要求:图上相邻两点的边长与所给对应边长,在图上不得超过 0.2mm。检查合格后,接着进行下面的工作。

(3)注上点的高程(取至厘米)及点名。如导线点为 $\frac{2}{48.36}$ (式中短横线长 1cm,其上的数字"2"表示点号或点名;横线下的"48.36"表示该点的高程;符号大小为 3mm,点名及高程注记字高 3mm),如图 3-2(b)所示。

4. 应准备的工具

3H～4H 的铅笔,钢直尺,两脚规,橡皮。

(二)测绘地形图

测图比例尺为 1∶500,等高距为 1m,在划定的测图范围内,以控制点为测站,用极坐标法测定一定数量的地物、地貌特征点,并用符号表示出该测区的地物位置及地形起伏情况,即绘成地形图。

测图的程序分为选点、观测、记录与计算、绘图及检核。

1. 选点

(1)地物点应选在能反映地物转折、拐角处,如房屋的形状大小是由 4 个房角点决定的,通常只测其中三点或两个角点和一个边长即可勾绘出房屋来;对于道路、河流这类线状延伸的地物,只要测其拐弯处、交叉处,即可勾绘出来。线状地物其宽度画在图上,如大于 1mm 时,需测两边或一边并量其宽度。

(2)地貌点应选在方向、坡度变化处,如选择山顶、山脚、鞍部、山脊线或山谷线上坡度变化处,或地形走向转折处等。

(3)选好点后就竖立镜站点,以待观测。选点者对测站周围的地形地物应有全局观,事先计划好选点跑点的路线,在一个点上立镜时,就要想到下一立镜点位置。跑点的一般原则,在平坦地区,可由近及远,再由远及近地跑尺,立镜结束时处于测站附近。在地性线明显的地区,可沿山脊线、山谷线等跑点,或大致沿等高线跑点,立镜点要分布均匀,尽量一点多用。跑点者要将所选各点的编号,位置、地形、地物的大体情况等画成草图或示意图,以供绘图者参考。草图可以一个测站一张,也可以几个测站绘成一张。

(4)在 1∶500 比例尺图上,要求相邻两点间的距离不大于 2～3cm。根据地形情况及地物覆盖度,可酌情增减碎部点密度,但在每个方格图幅中碎部点数应不少于 9～10 个。

2. 观测

(1)在测站 A 上安置全站仪,对中误差不超过 5mm,整平仪器时,水准管气泡偏离中心不超过 2 格。

(2)仪器高 i 量至厘米。以盘左位置定好零方向,即在另一较远控制点 B 上竖立标杆(镜站点),转动照准部,精确瞄准标杆,将水平度盘读数设置为 $0°00'00''$,然后退出,进入测角、测距模式。全站仪极坐标法定点,如图 3-3 所示。

(3)为了防止仪器中途碰动和仪器偏心,当观测 30 个碎部点之后,应转动望远镜,瞄准零方向目标,检查是否仍为 $0°00'$。若有偏差,不能超过 $5'$,如果超限,则前面所测各点都得报废,应返工重测。若偏差在允许范围内,必须再次对零方向。

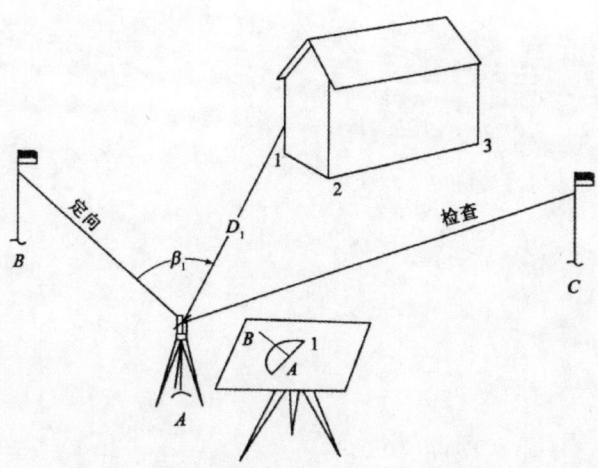

图 3-3 极坐标法定点示意图

3. 记录和计算

（1）在开始观测之前，记录者应首先把测站点的点号名称、高程数据、定向点的点号名称及该测站的仪器高等记录下来。

（2）碎部点高程计算至厘米，图上注记时至分米，水平距离取至分米。将测点的点号、水平角、水平距离、高程等数据记录在碎部点测量表格中，见表3-2，并将数据报给绘图者，以便及时展点绘图。

4. 绘图

绘图者将图板架在测站点附近，并将图板定向。展点时，首先在图纸上轻轻画出零方向线，然后根据记录者报出的数据，以测站点为圆心，自零方向线起，用半圆仪按顺时针方向量出所测的水平角，在此方向上，按测图比例尺在半圆仪的直尺上量取水平距离。

半圆仪的使用方法如下：

半圆仪的刻划分角度刻划和长度刻划。

角度刻划：0°～360°，最小刻划有20′和30′两种，逆时针每10°一个注记，因是半圆仪，所以同一刻划角度值有两个注记且相差180°。

长度刻划：以圆心为中点向左 0～8cm，向右 0～8cm，每 1mm 一个刻划，每 10mm 一个注记。制作半圆仪时，将圆心凿成一小圆孔，绘图时用一小针穿过圆心对准图上测站点刺入图板，使半圆仪围绕小针（测站点）转动。

半圆仪使用时，若碎部点角度在 0°～180°之间，使用右边长度刻划进行展点，若碎部点角度在 180°～360°之间，则使用左边长度刻划进行展点。例如，某一碎部点的水平角读数为315°05′，水平距离为 17.5m，设测图比例尺为 1∶500，则图上距离为 35mm，将此点展绘在图纸上，其方法为：转动半圆仪使图上零方向线（图 3-4 中红色短线）对准半圆仪 315°05′刻划线，在圆心左边对准 35mm 长度刻划线，用铅笔垂直点下，该点就是相应的地面点，然后注记上高程，如图 3-4 所示。

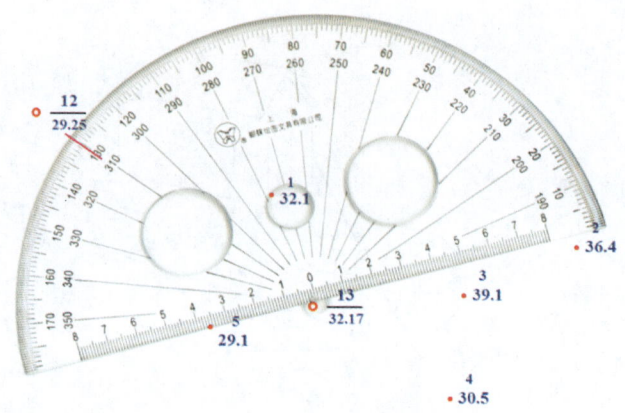

水平角 $\beta=310°05'$
测得碎部点5水平距离$D=317.5$m
高程$H=29.1$m

注意：碎部点的位置，也可以用碎部点的高程小数点来表示

图3-4 半圆仪碎部点展点

(1)高程注记时，一般以高程数字的小数点代替碎部点的位置，也就是说一个小数点有两种意义，它既是一个碎部点的位置，又是高程数字的小数点。高程在图上的注记至分米(dm)，字头一律朝北，字体大小不超过3mm。

(2)当测绘出一定数量的碎部点后，就应着手勾绘地形图。绘图时必须对照实际地形地物，并参考草图，把同一山脊上或同一山谷上的点，分别以实线和虚线连接起来，构成地性线，然后在地性线上内插勾绘出等高线。对于地物点，把相邻点连接起来，形成其轮廓形状，如画房屋，把相邻的房角点用直线连接，而道路河流等，则在其转弯处逐点连成圆滑的曲线，如图3-5所示。

(3)要在现场勾绘等高线，测一块勾绘一块，地物应及时用符号绘出。

(4)注意图面的整洁美观。

为保证测图质量，必须对所测图进行全面检查。检查的方法通常有图面检查、巡视法、设站检查法(也称散点法、断面法)。

图面检查就是检查图面上的各种地物线条和等高线的走向是否合理，连线有无矛盾，各种注记是否正确或遗漏，若有疑问，则要做出记号，以便野外核查修改。

巡视法就是带着原图与实地对照，以检查地物有无遗漏，等高线是否客观地反映地形特征，注记是否与实地相符等。对室内图面检查中做有记号的问题要重点核查，必要时应架设仪器进行检查，实地纠正。

设站检查法就是按测量规范要求，对每幅图还要设站检查一部分(约10%)，即实地选取一些测站，架设全站仪对主要的地物地貌重测，并与原图上的地物及等高线相比较。一般规定地物差异在图上不得超过0.8mm，等高线差异则根据测图比例尺及地形起伏情况而定。

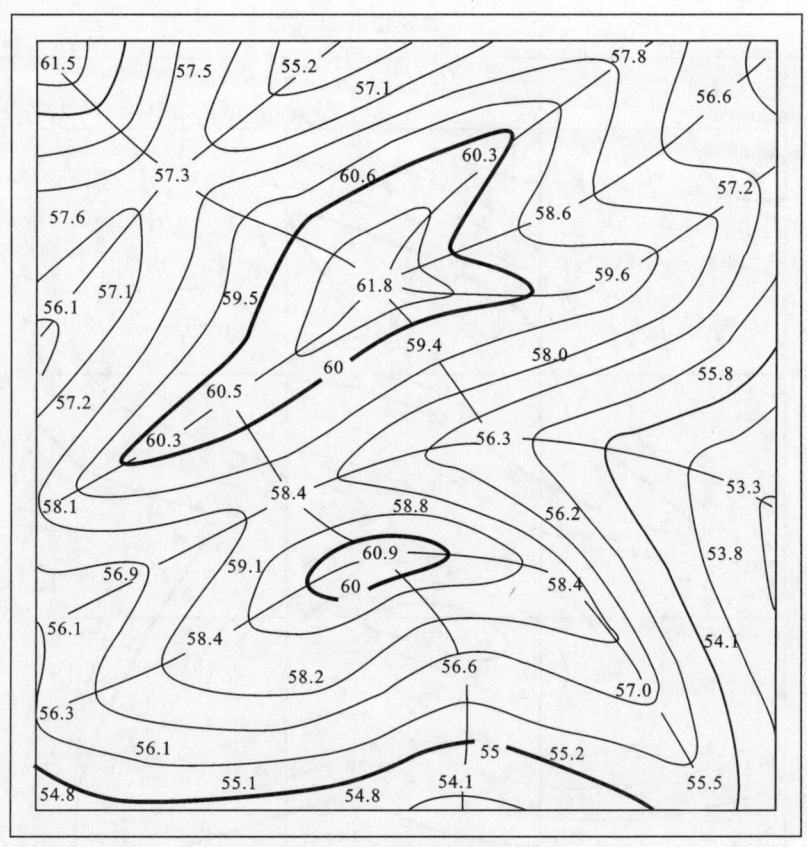

图 3-5 地形图勾绘

5. 清绘与整饰

（1）清绘是指按照地形图图式规格要求，用铅笔仔细描绘图上的一切符号。清绘时，用软橡皮擦去图面上无用的线条与污点，先将地物符号和注记符号描绘清楚。然后，再将等高线加以修饰，使等高线均匀圆滑，且清晰明显。

（2）清绘时要一片一片地逐次进行，边擦边描绘，要耐心细致。

（3）计曲线的线画粗为 0.3mm，基本等高线的线画粗为 0.15mm，等高线注记仅在计曲线上写出高程，书写数字时，字头朝向山头。

（4）每一个小方格最后只保留 1~2 个主要的碎部点高程注记，其他碎部点必须擦去。注记要统一，字头一律朝北，字的大小不超过 3mm。

（5）根据图式要求，最后整饰图幅内外图廓线，比例尺和正北方向，写上图名、图号、比例尺、坐标系统、高程系统、测图单位、日期、测量员、绘图员、审核者等，并进行着墨，其式样如图 3-6 所示。

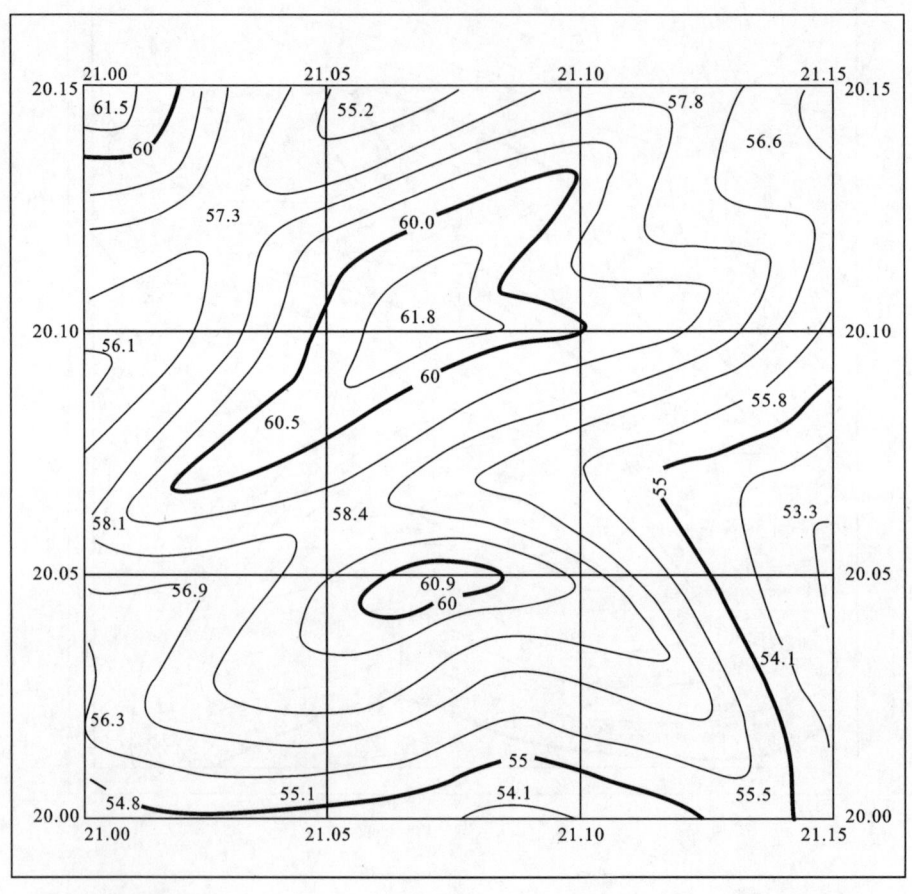

图 3-6 整饰后的地形图

6. 应准备的仪器及工具

全站仪、三角架、小钢卷尺、测图板、半圆仪、铅笔(2H)、橡皮、大头针、记录板、计算器、雨伞(自带)。

7. 上交成果

每组交一份合格的地形图和野外记录表格；每人交一份根据碎部点的高程和位置在现场勾绘的等高线图。

表3-2 碎部点测量记录表

测站：　　　零方向：　　　仪器高 $i=$　　　测站高程 $H=$　　　观测者：　　　记录者：　　　日期：

点号	水平角 ° ′	水平距离 $D(m)$	高差 $\pm h(m)$	测点高程 $H(m)$	点的属性

实习二　剖面图测量

一、实习目的与要求

剖面图又称断面图,它是提供工程设计和进行土石方、水库容量、矿产储量等计算的主要图件。通过本次实习,要求每个同学掌握野外实测剖面图的全过程,为今后从事工程建设工作打下良好的基础。

二、准备工作

全站仪;记录板;记录表格;计算器;木桩。

三、剖面测量的程序、内容和要求

剖面测量的方法有全站仪测量方法和 GNSS RTK 方法,本次实习采用全站仪测量方法。

剖面测量过程一般分为剖面起始点的布设、测设、剖面控制测量、剖面测量、剖面图的绘制 5 个步骤。

1. 剖面起始点的布设

一般可采用下列两种方案:
(1)按建立勘探基线时所设计的地质剖面线间距的交叉点,作为剖面起始点。
(2)已建立测量控制网的矿区,在设计图上选定剖面端点或便于连测的任一点,作为剖面起始点。

剖面线一般是直线,如果剖面线呈折线时,则需按测设剖面线端点的同样方法、同等精度,将其转由点测设于地面上。

一般采用全站仪正倒望远镜法进行剖面定向。当两次定向的方向不一致时,取中间方向为定向方向。

2. 剖面端点的测设

按设计坐标将剖面端点测设于地面后,应立即根据周围的控制点,重新测定其坐标及高程。重新测定的坐标与设计坐标之差,应在规定范围内。高程测定可采用三角高程测量或等外水准测量。

3. 剖面控制测量

根据剖面的比例尺及剖面线的长度,在剖面线中间尚需布设若干个剖面控制点(表3-3),以满足规范要求。

表3-3 剖面图比例尺与控制点距

剖面图横比例尺	1∶500	1∶1000	1∶2000	1∶5000
控制点间距(m)	500	700	1500	3000

控制点的布设与测量方法同图根点的测量,其平面坐标应不低于三级图根点的要求。

4. 剖面测量

剖面点测量的密度取决于测图比例尺。通常图上距离每隔1cm内应有一剖面点。剖面点的观测方法同地形图碎部点观测法。

例如,在地面上选定需要测绘剖面线的起点A和端点C,打入木桩,做好标记,然后在控制点上架设仪器,测定该剖面线的方向和两端点的位置。在A点或B点上架设仪器,对中,整平,量取仪器高,然后沿剖面线方向上坡度变化点竖立镜站点,用盘左位置逐点测量测站到镜站点间的水平距离和高差,记录表格见表3-4。全站仪法测量剖面的示意图如图3-7所示。

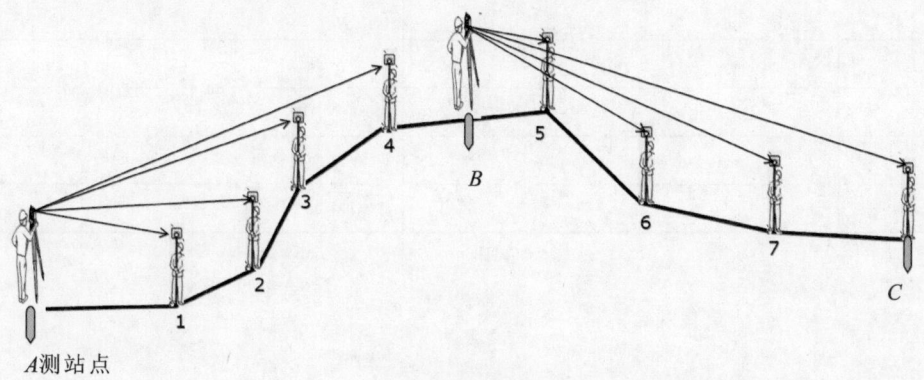

图3-7 剖面测量示意图

5. 剖面图的绘制

绘制剖面图之前,应先检查和整理观测手簿记录。根据观测成果,求出剖面线上各控制点、测站点、地形地物点、地质工程点、地质点到起始端点的水平距离、高程。

根据剖面线上各点的高程,首先设计一组高程线,高程线是由多条等间隔的水平线组成的,每条线的高程应为10m或100m的整倍数。按规定的比例尺,根据剖面线上各点与起始端点的水平距离,在水平方向上展绘出各点;然后在各点的垂直方向上,按高程与选定的垂直比例尺,展绘出各点的位置;最后以圆滑的曲线连接之,即得地形剖面图。

表 3-4 剖面观测值记录表

点号	水平距离(m)	高程或高差(m)

实习三 野外读图

一、实习目的与要求

填绘各种地质图都是以地形图作为底图的,因此,地形图是地质野外工作时的常用资料,对地形图进行判读与应用是地质工作者的基本功。通过本次读图实习,要掌握野外读图的一般方法,为今后判识野外地质用图打下良好的基础。

现阶段,使用的地形图一般有纸质图和电子图,电子图的使用要借助电脑、平板电脑或手机。本次实习利用了平板电脑使用地形图。

二、实习准备工作

以小组为单位,领取装载有地形图的 GPS 手持机一部。

三、野外读图的方法及步骤

(一)地形图定向

野外使用地形图,不管是纸质图,还是平板电脑或手机中的电子图,首先应进行地形图定向,使地形图与实地的东、西、南、北方向一致,然后再判读地物、地貌、寻找目标、确定站立点在图上的位置。

1. 利用罗盘定向

(1)依磁北方向线定向。

有些地形图的南、北图廓线以虚线表示,并在其北端注有"磁北"字样,在其南端注有"磁南"字样。定向时,使罗盘边沿靠在这条直线上,度盘零分划朝向地形图上方,转动地形图,使磁针北端对准零分划,这时地形图方位即已定好,如图 3-8 所示。

若是利用手机 APP 罗盘仪进行定向,首先点击手机罗盘仪,出现指南针画面后,将手机边框紧靠地形图上的磁北方向线,且使罗盘上写有"N"或"北"的一端与地形图上磁北一致。保持图纸尽可能在水平的条件下,转动地形图,直至磁北针指在水平度盘"0"刻划上,这便意味着地形图北方向与实地北方向一致,即定向完毕。

(2)依坐标纵线定向。

由于磁北和坐标纵线的方向常不一致,相差磁坐偏角 $\pm\Delta$,所以如按坐标纵线定向,首先要按磁坐偏角校正罗盘,使得用它来测定的方位角等于坐标方位角,如图 3-9 所示,应用校正后罗盘,使盘边沿靠在纵坐标线上,转动图,使磁针北端对准零分划,这时图已定好向。

校正磁坐偏角的方法是:转动罗盘仪的度盘,使指标线对准磁坐偏角值 $G=\Delta-\gamma$。但由于磁坐偏角有东偏和西偏之分,故当改正磁坐偏角时,必须注意度盘的转动方向,其规则可简述为"东偏向东转,西偏向西转"。如磁坐偏角为西 2°19′,此时度盘须向西转 2°19′,即指标线对 W357°41′。

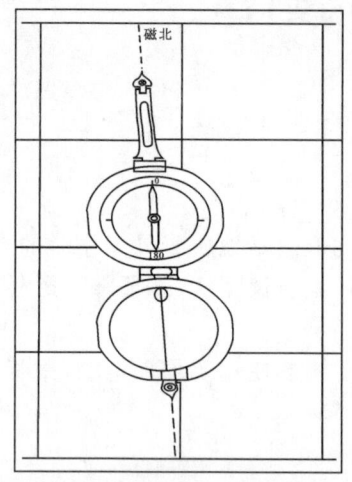
图 3-8　依磁北方向线定向

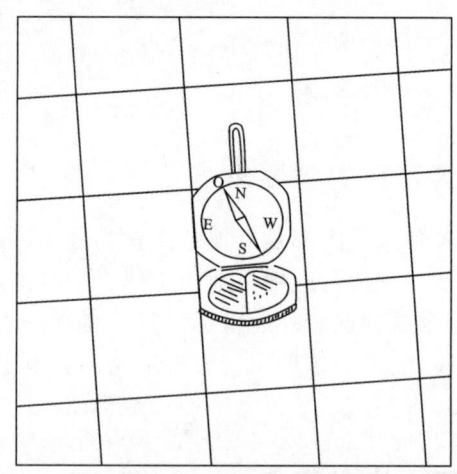
图 3-9　依坐标纵线定向

2. 利用线状地物定向

在站立点附近有大江、河流、道路、沟渠等线状地物时,可先在地图上找到这段地物符号,用直尺靠在这段地物符号上,转动地图,通过直尺向实地线状地物对准方向后,再检查两侧地形是否与图上一致,以防颠倒。

3. 利用明显地貌或地物点定向

明确了站立在相应地图上的位置以后,可在远方找一个实地上与图上相对应的明显地貌、地物点,例如山头、山脊、山谷等地貌点,然后用直尺靠在地形图上两相应点,转动地形图,通过直尺向实地的远方明显地貌点对准,这时地形图也就定好了方向。

(二)读图

定好向之后,进而确定读图者站立点在地形图上的位置之后,便可进行读图。

面对一张地形图,如何尽快地了解图内所展示的内容,通常遵循"四先四后"的原则:先图外、后图内;先整体、后局部;先略读、后详读;先水系、后山系。

图外:先看图名——了解图幅位置,比例尺——图幅面积大小,图例——符号代表的地形地物等。

图内:首先了解水系总的形状及流向,其次了解山地特征,山脉延伸方向,山脊、山谷、鞍部地形特征,建立起等高线与地貌的形象思维,树立立体概念。

1. 阅读图形要素

(1)水系:了解该区域内河流、湖泊、海洋、水库、沟渠、井泉等的分布。阅读水陆界线,弄清河流性质、河段情况等。

(2)地貌:了解该区域的地形起伏状况,可根据等高线疏密、高程注记、等高线形态特征来判明地形起伏和地貌类型,具体读出山头、山脊、山谷、山坡、凹地、鞍部等基本地形。

(3)土质、植被:土质主要了解地表覆盖层的性质,植被主要了解地表植被的类型及分布。

(4)居民地:主要阅读居民地类型、形状、人口数量、行政等级、分布密度、分布特点等。

(5)交通网:了解交通线种类、等级,路面性质、宽度,主要站点,水上交通网,港口和航线情况等。

(6)境界线:了解该图区域内的政治、行政区划情况,主要境界线的种类和位置。

(7)独立地物:主要有文物古迹、判断方位的重要标志,具有特殊意义的工、农业地物等。

按照上述顺序,边阅读、边记录。

2. 典型地形的等高线形态

(1)山峰:等高线呈同心圆状闭合曲线,中间数值高,四周数值低。
(2)盆地:等高线呈同心圆状闭合曲线,中间数值低,四周数值高。
(3)山脊:等高线为一组向低处突出的曲线,曲线转折处的连线为山脊线。
(4)山谷:等高线为一组向高处突出的曲线,曲线转折处的连线为山谷线。
(5)鞍部:两山头之间,似马鞍状的地带,称鞍部。其等高线似一组双曲线。
(6)山坡:山脊与山谷之间的地带,等高线似一组平行线。
(7)绝壁:用一特殊符号表示,等高线在此重合,但不相交。

一幅地形图通常由以上 7 种典型的等高线组成。

3. 读图应注意的问题

(1)了解成图年月,从而判断图的新旧并估计其所能反映实地现实的程度。
(2)了解测图比例尺,以便根据图上的距离和大小来推算实地的距离与大小。
(3)了解本图幅所使用的图例,以便野外读图时,能将地形图上的符号与实地地物、地貌对应起来。
(4)在读图前一定要先定向。否则,难以确定图和实地的对应关系,这就是说,正确定向是正确读图的前提。
(5)询问。在读图时,应该多向当地群众询问,尤其当地形图太旧,与实地出入大时,地形图上所反映的地物、地形已起不到指引方向的作用,就不能过多地依赖地形图,而应该多向群众详细打听,根据现时地物和地形校正旧图。

四、实习任务与要求

(1)每小组须完成一条规定的读图路线上的读图任务。
(2)在此线路图上标明了所要寻找的目标。目标找到之后,将目标编号抄注在路线图的相应点上。
(3)在图上勾绘出本小组读图时所走的路线。

五、注意事项

读图时分小组独立活动,应随时注意不要走出了图幅范围,以免迷失方向。各组要注意安全,凡遇有采石厂等危险地段,一定要绕道而行;禁止游泳玩水;在经过村庄时,小心恶狗伤人;过草丛山地时,要提防虫咬蛇伤。

六、GPS 手持机的操作及存在问题的解决办法

(一)GPS 手持机的操作

九峰山读图实习范围如图 3-10 所示。具体电子地图都已经安装在 GPS 手持机里了,每个手持机里需要找的点都有所区分,具体操作手持机步骤如下:

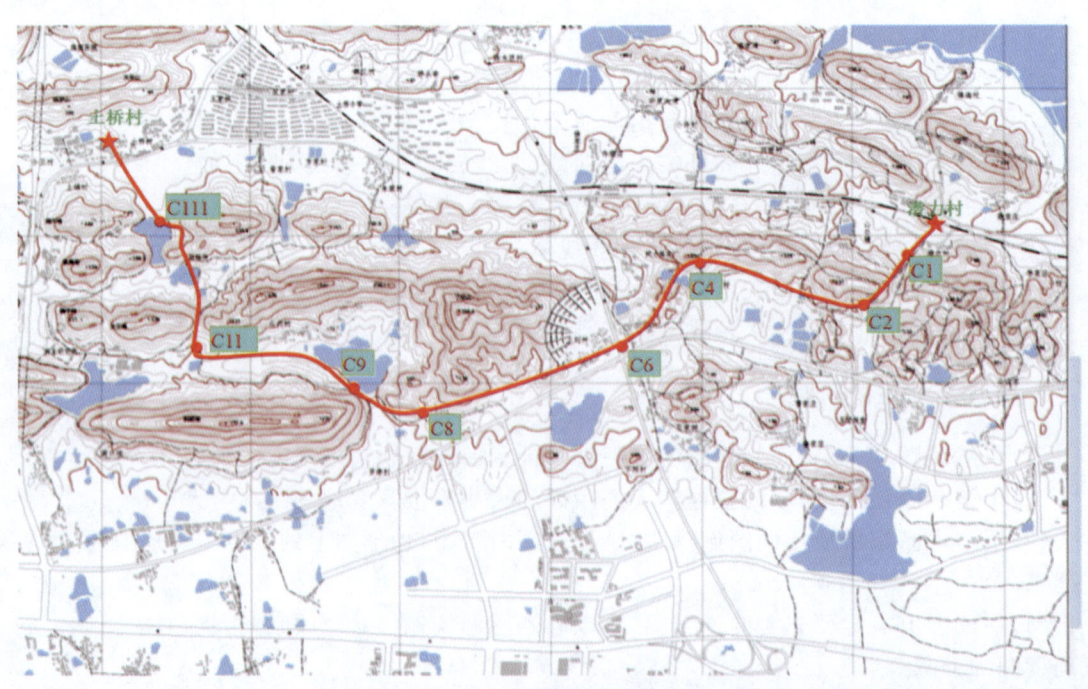

图 3-10　九峰山读图实习某路线示意图

(1)开启 GPS。在手持机的顶部下拉菜单中,找到 GPS 选项,并打开 GPS 信号。以便手持机能利用 GPS 信号,进行单点定位。具体界面如图 3-11 所示。

(2)进入 Hi-QⅡ应用程序,具体界面如图 3-12 所示。

(3)查看 GPS 信号,具体界面如图 3-13 所示。在 Hi-QⅡ主界面中选择"卫星视图",查看 GPS 信号。如果出现图 3-13 的显示,则表明手持机已接收到了 GPS 信号,可进行定位。如界面中没有显示具体的坐标数据,则需等待手持机接收 GPS 信号,否则无法进行定位。

(4)实时采集,在一级菜单,从左往右,分别为文件、浏览、采集、编辑、放样、设置、工具、关于。地图浏览快捷工具栏,从上往下,对应的功能分别为放大、缩小、平移、居中、全图。实际操作过程中,也可通过单指对地图进行平移,通过双指对地图进行缩小和放大。

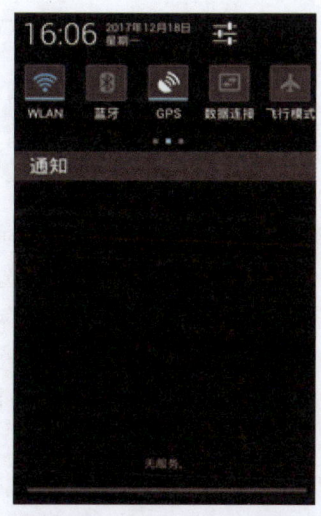  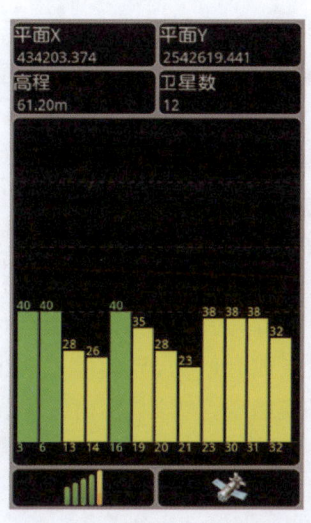

图 3-11　开启 GPS 信号界面　　图 3-12　Hi-Q Ⅱ 应用程序　　图 3-13　GPS 信号图界面

（5）坐标显示，实时采集界面下方的"坐标显示"，既可以显示平面坐标（xyh），也可以显示大地坐标（BLH），此功能可以在"设置"中进行调整。选择一级菜单中的"设置"在二级菜单中选择"系统设置"，也可以在最开始的主界面中选择"设置"，进入"系统设置"，进行"坐标格式"设置，设置整个应用程序的显示格式。

（6）查看任务，软件中将会提前导入实习中需要确定的点，如图 3-14 所示，红色的点即为需要确定的点。如果点的图层被覆盖，则需要调整图层。在"文件"中，选择"图层管理"，将会弹出如图 3-15 所示的图层管理界面，图中的每一行即为一种图层。在显示时，软件会从上往下依次对图层进行显示，所以有时会产生覆盖。对于想优先显示的图层，只需要选中相应图层，在右图的界面中选择"上移"或者"下移"进行调整。

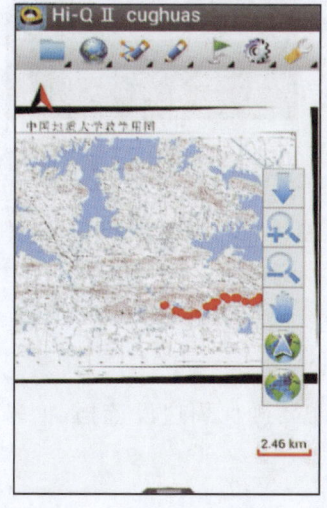 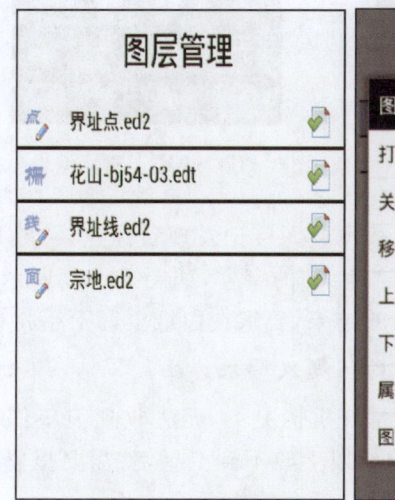 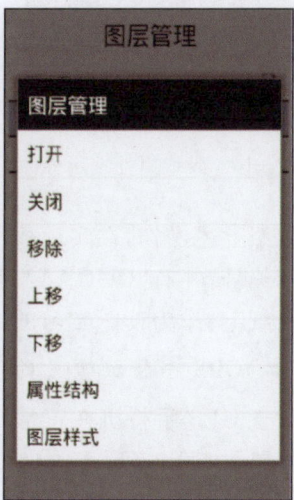

图 3-14　查看任务图　　　　　　图 3-15　图层管理界面

(7)记录路线。请注意:当路线采集完成后,必须点击"结束采集",然后在保存界面中,设置属性,保存路线,否则将无法记录数据。如图 3-16 所示,界线性质即可作为区别线型地物的属性,根据命名的不同,区别不同的线。

结束采集保存数据时,一定要根据实习的要求,对需要保存的数据进行命名。务必要在保存地物数据时,为地物命以相应的属性名,以便区别不同的地物。如图 3-17 所示的"界址点号",图 3-16 的"界线性质"。

(8)查询数据。在 Hi-Q Ⅱ 软件中,通过"查询"功能和"编辑属性"功能,均可查询点坐标或者查询线面地物的相关信息。选择一级菜单中的"编辑",二级菜单中第一项就是"查询",选中图标,图标会变亮。然后,在地图中通过手指选择一定范围的矩形区域,如果矩形区域中存在点或者地物,界面中就会出现对应点或者地物的属性,在属性界面中可以看到对应的坐标数据等信息。否则,实时采集界面中会显示"未选中任何地物"。请注意,查询完毕后,请及时关掉。

如图 3-18 所示,通过"界址点号"查询相应的点,因为点号为"1078"的点存在两个,所以界面中会显示所有满足条件的数据信息。选中某一行的数据,在"用户属性"中可以查看对应的属性数据,如点号、照片等。

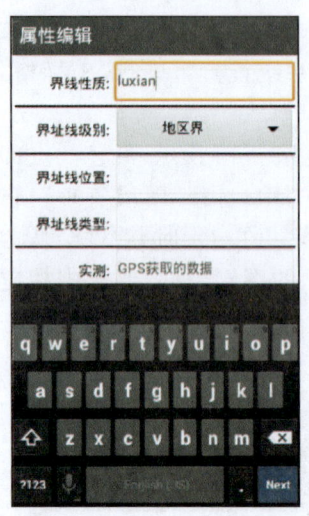 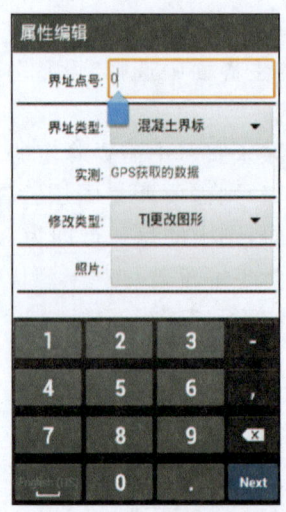 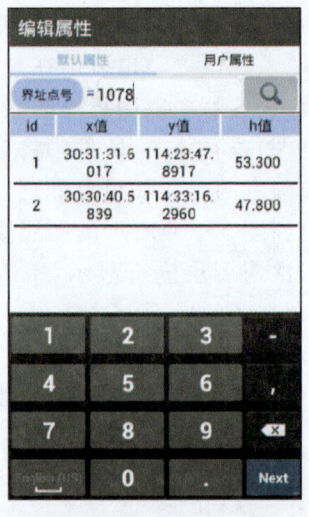

图 3-16　界线属性编辑界面　　图 3-17　界址点属性编辑界面　　图 3-18　查询界址点界面

按照上述操作,在实地根据读图标记发现目标点,一般是红油漆或白油漆涂的字母加阿拉伯数字编号,并有"CUG"或"地大"的字样,如图 3-19 所示,将找到的目标点号及找点路线记录在白纸上,作为读图实习的结果,要求在白纸上写上手持机编号及组员姓名。

(二)GPS 手持机常见的问题及解决办法

对于 GPS 手持机在正常开机情况下,无法收到卫星信号,需要确保周边没遮挡,信号好,这时需要耐心等一下,10 分钟以上收不到卫星,就需要报修了。

一般情况下,出现的问题主要集中在两个方面:

第三篇　野外测量综合实习

图 3-19　地形图读图

(1)进入 Hi-Q Ⅱ 应用程序中无法找到教学用图,具体解决办法:进入文件管理,查找九峰山实习关于.prj 后缀的文件,如图 3-20 所示。若点击此文件后无法显示教学用图,如图 3-21 所示,则可能是比例显示不合适,点击查看二级菜单里的全图标志,进入如图 3-22 所示界面。也有可能是图层覆盖了,这时需要打开图层管理界面,查看有几个图层,将不需要的图层关闭即可,具体显示如图 3-23 所示。

(2)有教学用图却无野外找点的标志,如图 3-24 所示。可能是图层覆盖了,具体解决办法:点击二级菜单里的图层管理,将实习数据图层上移到教学用图上一层即可,如图 3-25 和图 3-26 所示,红色标志就会出现在教学用图中了,如图 3-22 所示。

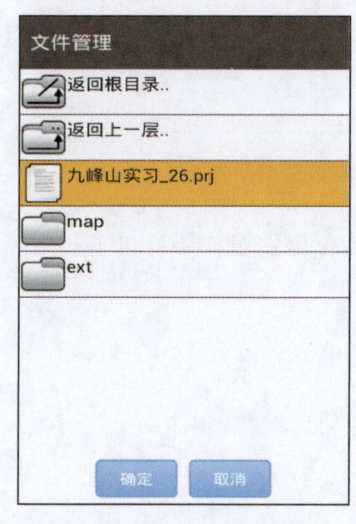 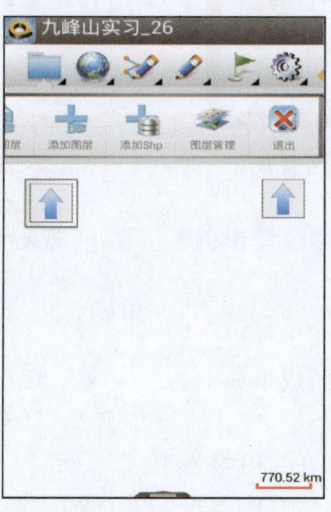 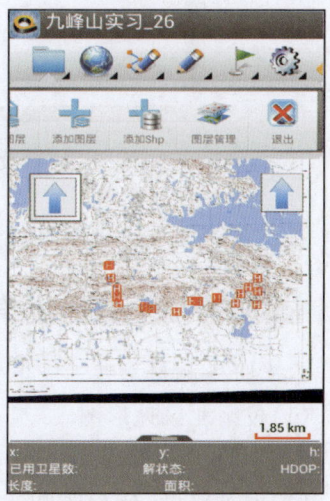

图 3-20　文件管理界面图　　图 3-21　无教学图界面　　图 3-22　教学用图界面

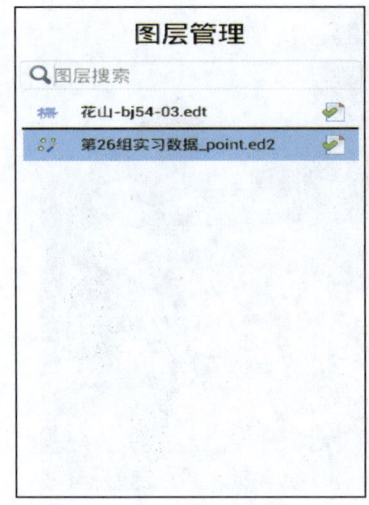
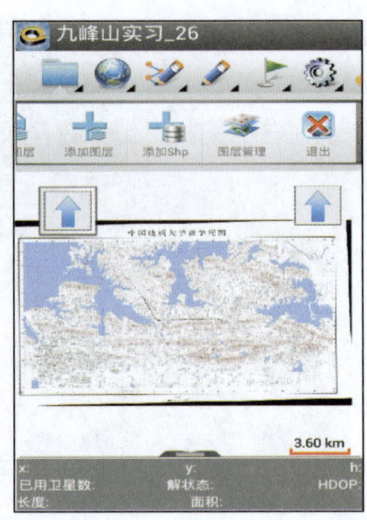

图3-23　图层管理界面　　　　　图3-24　无野外找点标志

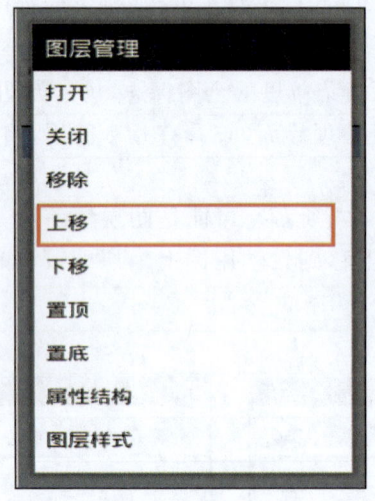
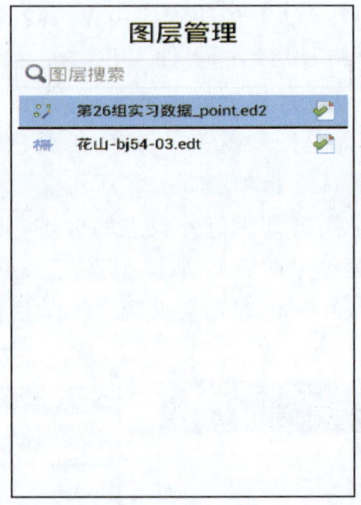

图3-25　上移数据图层界面　　　图3-26　点数据图层界面

若存在的主要问题按照上述步骤操作仍无法解决,就需要到仪器室更换手持机了。

七、实习应上交的成果

本次野外测量学教学应上交的成果如下:
(1)校园北区地形图。
(2)剖面图(每人绘制一份,附在实习报告中)。
(3)记录成果(每人复制一份,附在实习报告中)。
(4)九峰山读图成果(每人复制一份,附在实习报告中)。
(5)每人一份实习报告。

附录　常用图例

编号	符号名称	符号式样(1∶500)
1	三角点 　　a.土堆上的 　　张湾岭、黄土岗——点名 　　156.718、203.623——高程 　　5.0——比高	3.0 △ 张湾岭/156.718 a　5.0 △ 黄土岗/203.623
2	小三角点 　　a.土堆上的 　　摩天岭、张庄——点名 　　294.91、156.71——高程 　　4.0——比高	3.0 ▽ 摩天岭/294.91 a　4.0 ▽ 张庄/156.71
3	导线点 　　a.土堆上的 　　I16、I23——等级、点号 　　84.46、94.40——高程 　　2.4——比高	2.0 ⊙ I16/84.46 a　2.4 ⊙ I23/94.40
4	埋石图根点 　　a.土堆上的 　　12、16——点号 　　275.46、175.64——高程 　　2.5——比高	2.0 ⊡ 12/275.46 a　2.5 ⊡ 16/175.64
5	不埋石图根点 　　19——点号 　　84.47——高程	2.0 □ 19/84.47
6	水准点 　　Ⅱ——等级 　　京石5——点名点号 　　32.805——高程	2.0 ⊗ Ⅱ京石5/32.805
7	卫星定位等级点 　　B——等级 　　14——点号 　　495.263——高程	3.0 △ B14/495.263

续附录

编号	符号名称	符号式样（1∶500）
8	单幢房屋 　a.一般房屋 　b.有地下室的房屋 　c.突出房屋 　d.简易房屋 　混、钢——房屋结构 　1、3、28——房屋层数 　—2——地下房屋层数	a 混1　　b 混3—2　　　0.5 　　　　　　　　2.0 1.0 c 钢28　　d 简
9	建筑中房屋	建
10	棚房 　a.四边有墙的 　b.一边有墙的 　c.无墙的	a　　　　　1.0 b　　　　　1.0 c　　　　　1.0 　1.0　0.5
11	破坏房屋	破 2.0　1.0
12	架空房 　3/4——楼层 　/1、/2——空层层数	砼4　砼3/1　砼4　　4　3/2　4 　　　　2.5 0.5　　　　2.5 0.5
13	廊房 　a.廊房 　b.飘楼	a 混3 　　1.0　　b 混3　2.5 　2.5 0.5　　　　　　　　0.5

续附录

编号	符号名称	符号式样（1∶500）
14	露天采掘场、乱掘地 　　石、土——矿物品种	
15	探井（试坑） 　　a.依比例尺的 　　b.不依比例尺的	
16	探槽	
17	钻孔 　　涌——钻孔说明	
18	液、气贮存设备 　　a.依比例尺的 　　b.不依比例尺的 　　油、煤气——贮存物名称	
19	散热塔、跳伞塔、蒸馏塔、瞭望塔 　　a.依比例尺的 　　b.不依比例尺的	
20	水塔 　　a.依比例尺的 　　b.不依比例尺的	
21	体育馆、科技馆、博物馆、展览馆	
22	宾馆、饭店	

续附录

编号	符号名称	符号式样（1∶500）
23	商场、超市	砼4 M
24	剧场、电影院	砼2
25	露天体育场、网球场、运动场、球场 　a.有看台的 　　a1.主席台 　　a2.门洞 　b.无看台的	a 工人体育场（a2 45°, a1, 1.0） b 体育场　　球
26	露天舞台、观礼台	台
27	游泳场（池）	泳　　泳
28	碑、柱、墩	
29	纪念碑、北回归线标志塔 　a.依比例尺的 　b.不依比例尺的	a　　　　b
30	彩门、牌坊、牌楼 　a.依比例尺的 　b.不依比例尺的	a　　　　b
31	亭 　a.依比例尺的 　b.不依比例尺的	a　　　　b 2.4 　　2.0　1.0

续附录

编号	符号名称	符号式样（1∶500）
32	文物碑石 a.依比例尺的 b.不依比例尺的	
33	旗杆	
34	塑像、雕塑 a.依比例尺的 b.不依比例尺的	
35	土城墙 a.城门 b.豁口 c.损坏的	
36	围墙 a.依比例尺的 b.不依比例尺的	
37	棚栏、栏杆	
38	篱笆	
39	活树篱笆	
40	铁丝网、电网	

续附录

编号	符号名称	符号式样(1∶500)
41	地类界	
42	地下建筑出入口 　a.地铁站出入口 　　a1.依比例尺的 　　a2.不依比例尺的 　b.建筑物出入口 　　b1.出入口标识 　　b2.敞开式的 　　　b2.1.有台阶的 　　　b2.2.无台阶的 　　b3.有雨棚的 　　b4.屋式的 　　b5.不依比例尺的	
43	地下建筑通风口 　a.地下室的天窗 　b.其他通风口	
44	柱廊 　a.无墙壁的 　b.一边有墙壁的	
45	门顶、雨罩 　a.门顶 　b.雨罩	
46	阳台	
47	檐廊、挑廊 　a.檐廊 　b.挑廊	

续附录

编号	符号名称	符号式样（1∶500）
48	台阶	
49	室外楼梯 a.上楼方向	
50	院门 a.围墙门 b.有门房的	
51	门墩 a.依比例尺的 b.不依比例尺的	
52	支柱、墩、钢架 a.依比例尺的 b.不依比例尺的	
53	路灯	
54	街道 a.主干路 b.次干路 c.支路	
55	内部道路	

续附录

编号	符号名称	符号式样（1∶500）
56	县道、乡道及其他公路 　a.有路肩的 　b.无路肩的 　　⑨——技术等级代码 　　(X301)——县道代码及编号 　c.建筑中的	
57	阶梯路	
58	小路、栈道	
59	配电线 架空的 　a.电杆 地面下的 　a.电缆标 配电线入地口	
60	（电力线附属设施） 电杆 电线架 电线塔（铁塔） 　a.依比例尺的 　b.不依比例尺的 电缆标 电缆交接箱 电力检修井孔	
61	变电室（所） 　a.室内的 　b.露天的	

续附录

编号	符号名称	符号式样(1：500)
62	变压器 a.电线杆上的变压器	
63	等高线及其注记 　a.首曲线 　b.计曲线 　c.间曲线 　　25——高程	
64	示坡线	
65	高程点及其注记 　1520.3、-15.3——高程	0.5・　1520.3　　・-15.3
66	比高点及其注记 　6.3、20.1、3.5——比高	
67	人工陡坎 　a.未加固的 　b.已加固的	
68	斜坡 　a.未加固的 　b.已加固的	
69	陡崖、陡坎 　a.土质的 　b.石质的 　　18.6、22.5——比高	

续附录

编号	符号名称	符号式样(1∶500)
70	灌木林 　a.大面积的 　b.独立灌木丛 　c.狭长灌木林	
71	疏林	
72	零星树木	
73	行树 　a.乔木行树 　b.灌木行树	
74	草地 　a.天然草地 　b.改良草地 　c.人工牧草地 　d.人工绿地	
75	花圃、花坛	

主要参考文献

1∶500 1∶1000 1∶2000 地形图图式. GB/T20257.1—2007.

安忠利,李艳华. 用CASS7.0进行地形图处理[J]. 黑龙江水利科技,2011,39(2):268.

程新文,陈性义. 测量学[M]. 北京:地质出版社,2008.

李晓东,郭恒茂. 浅谈利用CASS7.0软件绘制地形图和断面图[J]. 中国科技信息,2010,(9):24-26.

潘正风,程效军,成枢,等. 数字测图原理与方法(第二版)[M]. 武汉:武汉大学出版社,2014.

潘正风,程效军,成枢,等. 数字地形测量学习题和实验[M]. 武汉:武汉大学出版社,2017.

吴北平,陈刚,潘雄,等. 测绘工程实习指导书[M]. 武汉:中国地质大学出版社,2010.

詹长根,唐祥云,刘丽. 地籍测量学[M]. 武汉:武汉大学出版社,2011.

中国地质大学测量教研室. 测量学实习指导书[M]. 北京:地质出版社,1993.

测量实验报告一

_____年_____月_____日　　　班号_____姓名_____

1. 全站仪是由哪些部件所组成,它的作用是什么?

2. 在测量中要求全站仪的 4 条轴线必须保持什么关系?

3. 全站仪具有哪些功能?

测量实验报告二

_____年_____月_____日　　班号_____姓名_____

测回法水平角观测手簿

时间：　年　月　日　　　　天气：　　　　　成像：
仪器及编号：　　　　　　　观测者：　　　　　记录者：

测站	竖盘位置	目标	水平度盘读数 ° ′ ″	半测回角值 ° ′ ″	一测回角值 ° ′ ″	备注

1. 测量水平角时为什么要配置度盘？如何配置度盘？如测回数为3，应如何配置度盘？

2. 测回法观测水平角适用于测量什么样的水平角度？其观测步骤是什么？

3. 如何消除视差对观测结果的影响？

测量实验报告三

_____年_____月_____日   班号_____姓名_____

全站仪测距记录表

仪器：   观测者：   记录者：   日期：   成像：   仪器高：

照准目标	次序	距离读数	照准目标	次序	距离读数
	1			1	
	2			2	
	3			3	
	4			4	
	中数			中数	
	1			1	
	2			2	
	3			3	
	4			4	
	中数			中数	

1. 全站仪测距的基本原理是什么？

2. 全站仪测距有哪些误差来源？

3. 测定两点间距离时，何种情况下需考虑气象改正？

4. 测距精度的评定公式是什么？

测量实验报告四

_____年_____月_____日　班号_____姓名_____

三、四等水准测量记录表

时间：　年　月　日　　　　天气：　　　　　　成像：
仪器及编号：　　　　　　　观测者：　　　　　　记录者：

测站编号	点号	后尺 上丝		前尺 上丝		方向及尺号	标尺读数 (m)		黑+K−红 (mm)	高差中数 (m)	备注
		下丝		下丝			黑面	红面			
		后视距(m)		前视距(m)							
		视距差 d(m)		$\sum d$(m)							
		①		④		后	③	⑧	⑩		
		②		⑤		前	⑥	⑦	⑨	⑭	
		⑮		⑯		后−前	⑪	⑫	⑬		
		⑰		⑱							
						后					
						前					
						后−前					
						后					
						前					
						后−前					
						后					K为水准尺常数
						前					
						后−前					
						后					
						前					
						后−前					
						后					
						前					
						后−前					

1. 四等水准测量每测站的观测步骤是什么？

2. 四等水准测量时前后视距大致相等能消除哪些误差？

3. 当前后视距差超限时如何移动前尺或水准仪？

4. 起点、终点、待求点、已知高程的水准点上为什么不能放置尺垫？

测量实验报告五

_____年_____月_____日　　班号_____姓名_____

全站仪坐标测量记录表

点号	X	Y	H

1. 全站仪测量坐标的原理是什么？

2. 测量坐标需要输入哪些数据？

测量实验报告六

_____年_____月_____日   班号_____姓名_____

GPS 采集数据表

时间：   年   月   日   天气：
观测者：   记录者：

点号	X	Y	H

1. GPS 定位的基本原理是什么？

2. GPS 系统的组成是什么？

3. GPS 定位的主要误差来源有哪些？

测量实验报告七

_____年_____月_____日　　班号_____姓名_____

等高线勾绘

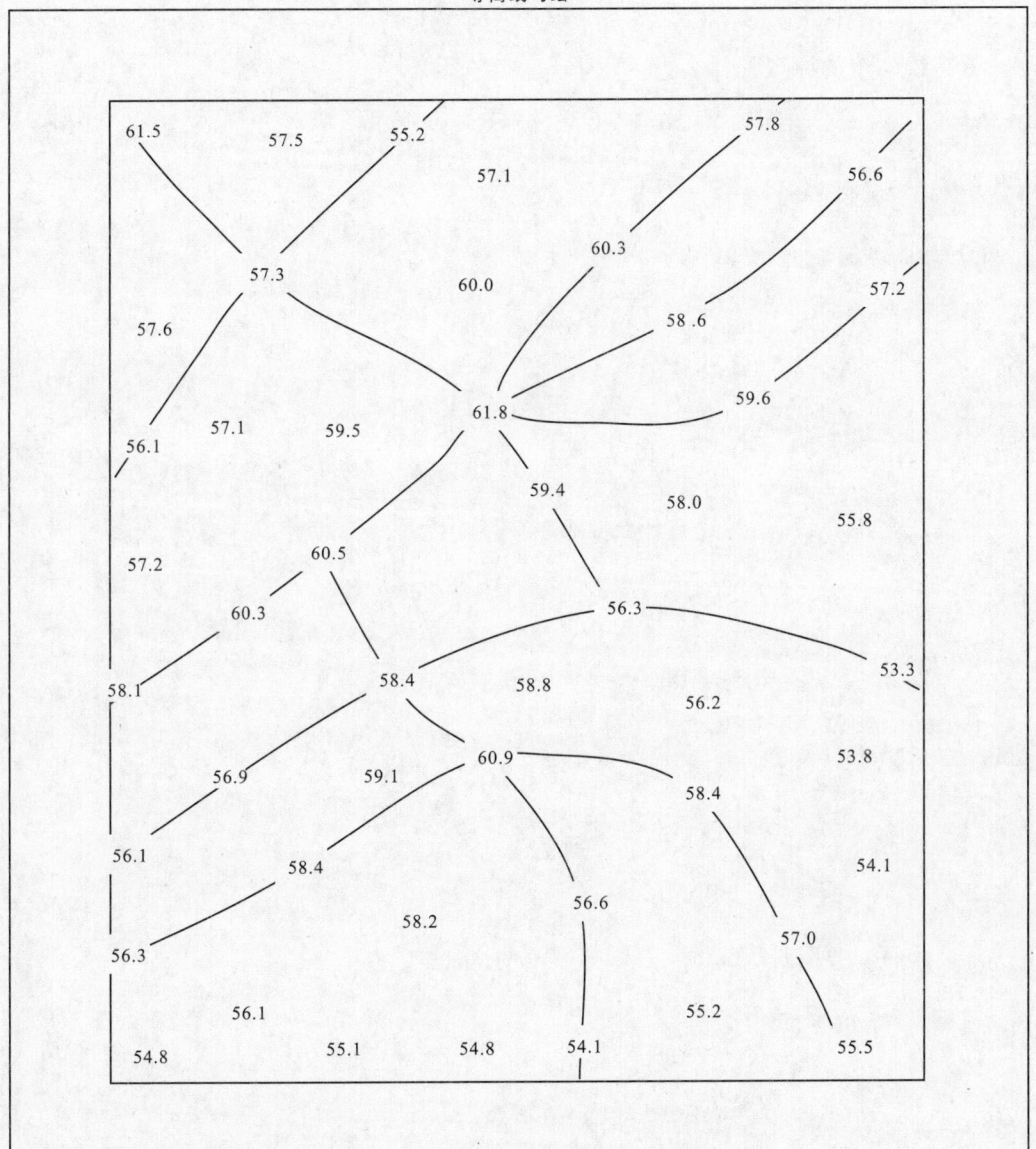

比例尺1∶1000　等高距1m

1. 何谓等高线？等高线有何特性？等高线有哪些种类？

2. 等高线勾绘的原理是什么？

3. 等高线与山脊线、山谷线有什么关系？

测量实验报告八

_____年_____月_____日　　　班号_____姓名_____

1. 地形图上的坐标有几种？分别是什么？

2. 什么是断面图？断面图的横轴和纵轴分别是什么？请在坐标格网纸中绘制下图 AB 方向线的断面图。

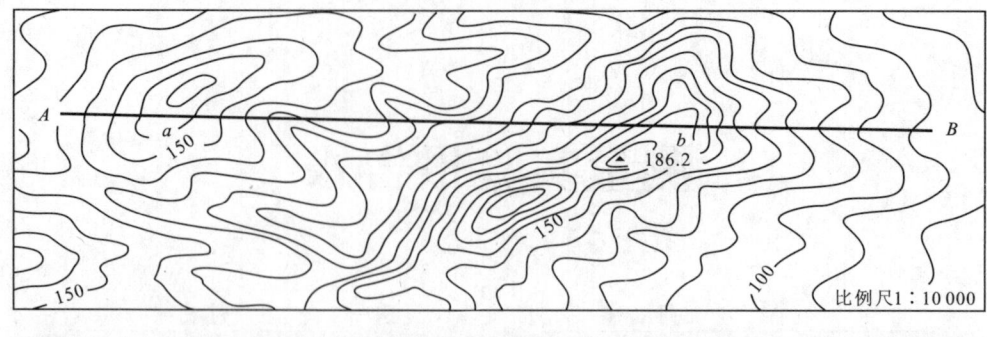

比例尺1∶10 000

坐标格网纸

测量实验报告九

_____年_____月_____日   班号_____姓名_____

导线坐标计算表

点号	观测角 (左角) (° ′ ″)	改正数 (″)	改正角 (° ′ ″)	坐标 方位角 (° ′ ″)	距离 D(m)	增量计算值		改正后增量		坐标值	
						Δx(m)	Δy(m)	Δx(m)	Δy(m)	X(m)	Y(m)
1	2	3	4(=2+3)	5	6	7	8	9	10	11	±2
C											
A											
1											
2											
3											
B											
D											
总和											

辅助计算

1. 简述导线测量内业计算的步骤。

2. 简述闭合导线、附合导线计算的异同点。

测量实验报告十

_____年_____月_____日　　班号_____姓名_____

1. 简述土地权属调查的内容和基本程序。

2. 简述宗地草图应包括的主要内容。

3. 简述 5 种常用界址标志的适用场合。

测量实验报告十一

_____年_____月_____日　　　班号_____姓名_____

房屋调查表

市区名称或代码_____房产区号_____房产分区号_____丘号_____序号_____

房地坐落				区(县)　街道(镇)　胡同(街巷)号					邮政编码				
产权主							住址						
用途					产别				电话				
房屋状况	幢号	权号	总层数	所在层次	建筑结构	建成年份	占地面积 (m^2)	建筑面积 (m^2)	使用面积 (m^2)	分摊建筑面积 (m^2)	产权来源	墙体归属			
												东	南	西	北
房屋权界线示意图							附加说明						
							调查意见						

调查员：　　日期：　年　月　日

1. 简述房屋面积调查的主要内容。

2. 简述房屋面积的分摊原则与方法。

测量实验报告十二

_____年_____月_____日   班号_____姓名_____

1. 简述各种测定界址点坐标方法、原理、操作过程和适用条件。

2. 简述我国对界址点坐标测量的精度要求。

测量实验报告十三

　　　　　年　　　　月　　　　日　　　　班号　　　　姓名　　　　

1. 利用 CASS 软件生成等高线要注意哪些问题？

2. 若在校园 500m×500m 范围内完成一幅 1∶500 平面图的测绘任务，简述其成图的全过程。

3. 地形图要素有哪些？